解局思考

「答えのないゲーム」
を楽しむ思考技術

高松智史
㊔

如何突破無解的死局，找到自己的活路？

林于楟
㊢

前言

封面大大寫上「解局思考」這幾個字。

我想在封面表達出的訊息（＝啟發）簡單來說就是，

「思考能力」是一項技能、一項技術。

所以可以後天培養出來。

從我過去十年，與商務人士／經營顧問「一對一」教學的經驗，在ＢＣＧ（Boston Consulting Group，波士頓顧問公司）這家管理諮詢公司中工作的經驗，讓我認真如此認為。

腦袋變好。

正確來說，是「使用腦袋的方法變好」。

基於這個想法，我推出第一本著作《變化的技術，思考的技術》，接著又出版《費米估算技術》、《從「費米估算」開始的問題解決技術》，逐步將「思考能力」化作文字寫下來。

而我這次的主題是，**享受「無解賽局」的思考技術**。

接下來的時代無法如同以往，「只要這麼做就是正確答案」的公式行不通的色彩逐漸濃郁起來。

光只看商業領域，「肺炎疫情造成整個社會劇變」、「副業這新選項的出現」、「大企業 vs 新創企業」等等，無論要開始新事業或選擇工作方法，選項都變得複雜，已經沒有「可以套用在所有人身上」的「答案」，每個人都得要自己思考，自己往前進才行。

若從「人生」這宏觀的觀點來看，又會變得更加複雜。

在「無解賽局」中的輸贏當然也很重要，但更甚於此的，是我們得要學會**享受「無解賽局」的技術**。

本書以《解局思考》為題，解說三個我從顧問時代起愛用的「思考技術」。

第一章內容要從「話說回來，『無解賽局』到底指的是什麼啊？」開始說起，接著說明我從顧問時代起相當重視的，**「無解賽局」的應戰方法三原則**

老實說，光只是知道這三條準則，就能改變你工作上的行動與結果。

接著，為了要讓拿起本書的各位能在「無解賽局」中大獲全勝，我也替大家準備好了三個思考技術的武器。

首先為第二章的「啟發」。

代換為英文可說「So-What」，希望讓大家充分感受顧問自然而然使用這個詞彙的世界。

在「事實、Fact」的世界中戰鬥、思考是「有解賽局」。「啟發」便是更進一步從事實中找出線索，在「無解」的混沌世界中前進的思考技術。

接下來第三章要請大家一起學習，我極度深愛的「B〇條件（B圈條件）」，這是一個議論、說服的技術。

如果是「1＋1＝？」這類有正確解答的問題，就不會引發議論。但正如大家所知，大家生存的世界中沒有這種「答案」。只要你不是國王，有時就需要和誰議論，說服他人接受自己的想法。而和想議論的對象「今後也想繼續維持良好關係」的情緒，會讓事情變得更加複雜。

我將在本書中仔細傳授大家解決這類貪心難題的思考技術。

接著在第四章，透過一場賽局，帶領大家拿起從第一章到第三章得到的武器，學會該用怎樣的程序思考「無解賽局」的「教科書、路標」。

我將這個訓練統稱為「賽局&賽局」。

只要閱讀至此，你已經能對「賽局」展現壓倒性實力，且可以樂在其中了。

最後在第五章，我將解說除了「無解賽局」之外，為了能讓你更加享受工作與人生，最好能夠擁有的大吉「感覺」。

其名為：

「五個賽局感覺」

不只賽局，工作與人生亦同，只要不知道「遊戲規則是什麼？」就無法健全地樂在其中。

如果玩遊戲，就會在遊戲開始前解說規則，但工作和人生無法得到同等待遇。

在此，我將會說明看出規則的五大重點，敬請期待。

按照以上說明，我將這些內容統整成一本書。

《解局思考》

讓我們真的樂在其中吧，無論何事，只要沒辦法樂在其中，就難以做出成果。

好的，前言就說到這邊為止，為了不讓這本書變成書山的一員，現在就拿起這本書到咖啡廳翻開閱讀個一小時吧。

這個瞬間，各位「無解賽局」的戰鬥隨之揭開序幕。

Contents

第二章 啟發——從事實中抽出「啟發＝訊息」的思考技術

第三章

B〇條件——避免批判，讓議論健全進行的思考技術

第四章

賽局＆賽局

——領會思考程序、解決問題程序

第五章 五個賽局感覺——「無解賽局」與其延伸發展

第一章

要不要試著採取「無解賽局」的應戰方法呢？

「無解賽局」的應戰方法三原則

「無解賽局」是什麼？

「無解賽局」的應戰方法

「無解賽局」的應戰方法①

「無解賽局」的應戰方法②

「無解賽局」的應戰方法③

「無解賽局」無所不在

我們正過著沉溺有解賽局中的人生。

在小學開始的義務教育中，在被稱為人生一個重大關頭的大學入學考試中，以及包含證照考試在內，這些全部都是「有解賽局」。

我們不知不覺中，從頭到腳完全沉浸在「有解賽局」當中……正可謂「溺斃其中」。

這個「不知不覺中」相當恐怖。

正如一氧化碳在不知不覺中進入體內，當我們驚覺時已經面臨生死關頭了……

真的太恐怖了。

但在新冠肺炎疫情侵襲社會之時，我們的生活出現巨大轉變。

正是開啟「無解賽局」了呀。

我想大家也隱約察覺，已經進入固有「答案」無法派上用場的時代了。
正因為如此，大家才會直覺拿起本書來看吧。
「我或許需要這個！」
我想你現在是抱著這種感受閱讀本書。
本書將會徹底闡述「無解賽局」的應戰方法。

首先在第一章，我將概略說明「無解賽局」的應戰方法，接著在第二章到第五章繼續深究具體思考技術，讓你在優勢地位中進行賽局。

歡迎進入「無解賽局」的世界！
珍重再見「有解賽局」

1-1 「無解賽局」是什麼？
你是否正在用「有解賽局」的方法應戰呢？

我們自然而然地採用「有解賽局」的應戰方法。

而且很遺憾，這個模式已經深入骨髓。

因為我們在義務教育中，在社團活動、考試以及求職活動中，至此挑戰過無數的「有解賽局」。

放在工作或是猜謎上來看也相同。

想要解開、過關、攻克某件事時，我們都用「『答案是這個！』→『對嗎？不對嗎？』→『答錯了啊，那換成這個！』→『答對了！』→『OK』」的思考模式應戰。

這是**攻克以正確答案為目標的賽局的方法**。

無論是誤打誤撞還是以過去的經驗為基礎，只要答對就好了。

因為就「答對了」嘛。

不需要更冠冕堂皇的理由。

只不過，這件事情的立基點，除了「賽局本身有正確解答」之外別無其他。

以往人們常說「只要進入大企業工作就能有個安泰人生」。

而這也成為明確的「解答」在社會上普及。

但是，真是這樣嗎？

如果現在在推特寫上一句「只要進入大企業工作就有安泰人生」，大概會受到來自四面八方的大聲抨擊吧。

並非「大企業不好！」而是大家已經開始發現**「該如何建立職涯經歷？」是場沒有正確解答的賽局**。

正如有知名漫畫《龍櫻》及諸多冠上「東大」之名的電視節目存在一般，或許直言大學入學考試「總之以東大為目標！」還勉強能為人所接受。

但出現「東大？什麼？那是世界排名第幾名的大學啊？」反應的時代已經近在咫尺了。

在人生方面，「結婚、組織家庭、養育小孩」是以往在社會上普及的答案。

只不過這一連串歷程，現在已讓人有遠古時代感了。

但、是。

我們雖然隱約察覺不對勁，卻只有在「有解賽局」中戰鬥的經驗。

用「『答案是這個！』→『對嗎？不對嗎？』→『答錯了啊，那換成這個！』→『答對了！』→『ＯＫ』」這套方法無法迎戰「無解賽局」。

因為沒有「答案」啊。

更正確來說是**「沒有明確的正確解答」**。

只要你追求「答案＝正確解答」，你就無法在接下來的時代中應戰。

因為沒有答案，即使你問「我答對了嗎？」也沒有人能夠回答你。

即使有人能夠回答，每個人給出的答案都不同。

追求答案的人最後會很迷惘，不知道該相信什麼才好而走入死胡同，遭受無形重壓逼迫而窒息。

且理所當然的，雖說「沒有答案」也不代表可以不做任何選擇。

沒有答案的題目幾乎每天出現在面前，而你每次都會被迫做出選擇。

本書要向大家解說在這類**「沒有答案」的工作現場，乃至於人生中的關鍵時刻、關鍵場面中，讓你能盡可能做出不會後悔的選擇的「思考技術」**。

當你讀完本書時，應該自然而然建立起這樣的思考模式了吧。

1-2 「無解賽局」的應戰方法

正因為「沒有答案」，所以只能這樣做

該如何應戰「無解賽局」才行呢？

應戰「無解賽局」最重要的事情，就是**即使找到「答案」也無從判斷這個答案到底是否「正確」**。

舉例來說，我們可以拿「有解賽局」的代表例子，數學問題來思考。

【問題】

現在有A、B、C、D四個不同的整數。

由小而大依序為A、B、C、D。

從中取出兩個數字分別相加之後，
會得到25、30、33、34、37、42這六個答案。
請回答A、B、C、D分別為哪些數字。
（出處《灘中、開成中、筑駒中　應考生必解數學101題》，東京，Yell Books。）

解開這個問題後，你寫下以下這個答案。

A＝11
B＝14
C＝19
D＝23

不管你有沒有自信，當你在數學問題中得出自己的「答案＝解答」時，可以確認是否為正確解答。

可以相加確認是否出現25、30、33、34、37、42這六個結果，也可以迅速翻到題本的最後看「解說」，上面就寫著答案。

反過來說，「你是用什麼方法解題的？」很少會成為討論重點。

這就是「有解賽局」的特徵，但這方法在「無解賽局」中無法成立。感覺會聽到有人大喊「這是當然的吧」，但其實我們不知不覺中也試圖在「無解賽局」中尋找正確答案。

不管工作上還是生活中，都把「有解賽局」的應戰方法帶進「無解賽局」中。

舉例來說，要向上司確認什麼事項時，你是否曾問上司**「這樣對嗎？」**呢？

這正是「有解賽局」的應戰方法。

用剛剛數學問題為例來說，看題本的「答案」就等於從上司口中得到「OK」的回答。

稍微想像之後，你會發現自己不禁失笑。

對你來說「無解」的問題，其實大多數狀況對你的上司來說也是無解。

上司或許擺出「我知道答案的表情」，但他其實不知道答案。

明明面臨「無解賽局」，卻問上司「這樣對嗎？」**等同於讓上司挑戰「無解賽局」，但自己正在解「有解賽局」**。

大家在拜託他人工作時，或許也曾經有過這種感受。

「等一下，如此一來，那我拜託你不就沒意義了嗎？」的感覺。

此時發生的狀況，就是你想讓對方挑戰「無解賽局」，對方卻拿「有解賽局」的應戰方法來應對。

無解賽局應戰方法的三大原則

那麼，差不多該進入正題了。

我們該怎樣應戰無解賽局呢？

這只有三個原則。

【「無解賽局」的應戰方法】

①「程序要性感」＝
透過性感程序得到的答案很性感

②「創造出兩個以上的選項後選擇」＝
比較選項之後，選擇「較佳」的那一個

③「必定伴隨批判與議論」＝
議論是最大的前提，有時沒有批判便無法收尾

只要意識這三點，就能健全地、性感地應戰「無解賽局」。

我接下來會詳細解說這三大原則，在此之前，這「無解賽局」的應戰方法是本書的最大重點，還請大家務必**默記、默誦**。

請問你能明確說出○中的文字嗎？

【「無解賽局」的應戰方法】

①「○○要性感」

②「創造出兩個以上的○○後選擇」

③「必定伴隨○○與○○」

感謝大家默背起來。

1-3

「無解賽局」的應戰方法①

正因為「沒有答案」，○○要性感

【「無解賽局」的應戰方法】

① **「程序要性感」＝**
透過性感程序得到的答案很性感

② 「創造出兩個以上的選項後選擇」＝
比較選項之後，選擇「較佳」的那一個

③ 「必定伴隨批判與議論」＝
議論是最大的前提，有時沒有批判便無法收尾

本書中四處充斥著我希望大家能熟悉「無解賽局」應戰方法的想法。

首先，我最想告訴大家的訊息果然是這一點：

空有「答案＝解答」沒有任何價值。

因為只看這個「答案＝解答」，既沒有附贈解說書，站在評論立場的上司也無法判斷這是否正確。

正因為如此，非得如此思考不可。

「程序」是最棒、最無懈可擊的東西，所以從這種「程序」中引導出的「答案」也是最棒的。

要抱持這種想法，簡單來說，就是**將單獨的「答案」轉變為「程序」＋「答案」**。

你得從只看了答案之後便說三道四的工作方法或思考方法，切換成「最棒的程序引導出最棒的答案」的思考模式才行。

工作中的性感程序

舉例來說，假設你現在要負責規劃新事業，並且得在兩週後上臺簡報。新事業正是「無解賽局」，而「程序」超棒且無懈可擊，所以從這個「程序」引導出的答案也得是最棒的答案。

如果將「有解賽局」的應戰方法套用在上面，會出現怎樣的狀況呢？

「我思考了這樣的新事業，請問大家覺得如何呢？」會像這樣做出只聚焦在唯一想到的「新事業的點子本身」的說明以及工作方法上面。

這樣行不通。

只想到一個點子，而且還開口問「大家覺得如何呢？」擺明了正大聲宣示「我正在進行一場『有解賽局』喔。」

出社會第一年的社會新鮮人要遵守「報告、聯絡、商量」的原則。這對搞不清楚東西南北的「社會人新生」來說是很重要的事情。但是請大家記得，「報告、聯絡、商量」是「有解賽局」的起始。

我最喜歡的書《BUSINESS CREATION!》的副標題為下：

〈從點子與技術創造新產品、服務的24步驟〉

也就是說，碰到新事業這類不管從哪一點來看都是「無解賽局」時，**別朝第一個冒出頭的點子飛撲上去，老實乖巧地去做24步驟這性感的程序，才正是性感點子生存的唯一手段**，我希望大家能有這樣的想法。

這是第一個應戰方法。

請大家牢記這一點。

1-4

「無解賽局」的應戰方法②

正因為「沒有答案」，所以需要兩個以上的○○

【「無解賽局」的應戰方法】

①「程序要性感」＝
透過性感程序得到的答案很性感

②**「創造出兩個以上的選項後選擇」＝**
比較選項之後，選擇「較佳」的那一個

③「必定伴隨批判與議論」＝
議論是最大的前提，有時沒有批判便無法收尾

這真的非常重要。

我從剛剛到現在「刻意」重複寫好幾次，想藉此洗腦大家的記憶與感覺，這是「無解賽局」，即使你說「我找到答案了！」也無法一眼判斷出答案是否正確。

而這是我們接下來得花費整個人生應戰的賽局。

我們每次都得做出判斷之後往前行。

此時的程序當然也要性感，性感程序可以導出性感答案，將此一哲學置於根源，接著意識以下這一點：

因為沒有「絕對」答案，所以只能逼近「相對」答案。

舉例來說，假設你睽違好幾年終於可以和好朋友聚餐了。

思考可說是世界上最重要的問題「要去哪裡吃？」時也相同。

此時就算立刻想到「我想去喜歡得不得了的惠比壽那家魚見茶寮！」不管魚見茶寮是多棒的店，也無法出現「喔，就是這家店！」的感覺。

當然，因為性感程序很重要，所以可以去看朋友過去的臉書頁面調查「朋友喜歡吃些什麼呢？」，去看他的ＩＧ看看「他最近吃了些什麼呢？」，徹底琢磨回答「要去哪裡吃飯」這問題答案的程序。

以此為基礎，**「創造出兩個以上的選項後選擇」，也就是比較選項之後選擇「較佳」的那一個**。

而說起要和朋友去吃什麼，

日本清酒搭配日式料理的「魚見茶寮」

VS

動物內臟燒烤的「婁熊東京」

像這樣創造出兩個以上的選項之後再選擇。

比較討論後，便能自然而然將「為什麼要選擇這個呢？」化作言語。

我在此舉出我最喜歡的兩家店，但也請大家各自試著思考看看。

用個非常簡單的說法，如果想要面對面仔細商討工作，那比起主要為吧檯座位的「魚見茶寮」，選擇也有單桌座位的「婁熊東京」比較好。反過來如果想選擇「魚見茶寮」，就可能是「我這次有件稍微棘手的私人事情想跟你商量，『不買醉可是難以承受』，所以我們選擇適合喝日本清酒的『魚見茶寮』吧！」

如同上述，創造出兩個以上的答案＝解答後，要再思考一次。

套用在工作上當然也相同。

你負責規劃新事業，且要在兩週之後上臺簡報。經過性感的程序之後，大家**理所當然會想出兩個以上的點子。如果是新事業，那要想出八個左右的新點子，這就是你的價值**。我希望大家能有這種思維。

「創造出兩個以上的選項後再選擇」，是這三大原則中最簡單就能自己確認的規則，請務必背下來，運用在實際生活以及工作上面。

如果用個不同的說法總結這一小節，只要做出兩個以上的答案來應戰，就是「無解賽局」的正確應戰方法。只找到一個答案就擺出得意表情簡直不像話，你要有自覺「自己是遜咖！」再找出另外一個選項。

1-5

「無解賽局」的應戰方法③

正因為「沒有答案」，所以會○○，有時還會被○○

【「無解賽局」的應戰方法】

①「程序要性感」＝

透過性感程序得到的答案很性感

②「創造出兩個以上的選項後選擇」＝

比較選項之後，選擇「較佳」的那一個

③**「必定伴隨批判與議論」**＝

議論是最大的前提，有時沒有批判便無法收尾

在這三大原則中，③是讓最多人感到不擅應對的原則。

上司把工作交派給你，你殷勤認真地工作，在做到一定程度之後問上司「我大概做成這樣，請問您意下如何？」糟糕透頂。

這就是「萬惡源頭」。

請你試著回想。

我曾說過「報告、聯絡、商量」是「有解賽局」的起始。

這「沒有答案」，你跑去問上司「您意下如何？」上司也只是傷腦筋而已。

假設可以毫不猶豫地說出「就只能這樣辦了」，那充其量只是「有解賽局」。

只要你面對的是「無解賽局」，工作的終點必定為**議論**。

不管在精神層面還是在技術層面上，你都得讓自己擁有能確實「議論」的能力。

如果無法「議論」，那你就無法說掌握了「無解賽局」的應戰方法。

特別關於這部分會感到不擅應對的理由，大概因為**議論伴隨著「批判」，而出現「這會受傷，也可能會傷人」的想法**吧。

以剛剛的例子來解說，當你要規劃新事業且得在兩週後上臺簡報時，即使你的程序性感且提出兩個以上的點子，肯定還是會出現**「咦？這和我的意見相左耶」**的聲音。

因為答案無限，當然會出現不同的意見。

要是沒出現不同的意見，**那不是參與者太遜，就是你地位太崇高**。

所以說，你要抱持對方和自己有不同的意見是理所當然的想法。

因此你需要擁有，並非只是議論這樣不冷不熱的討論感覺，而是會有批判，甚至發生大聲叫囂的你來我往的想像。

正因為如此，還用「報告、聯絡、商量」的心態應對根本上不了檯面。

「我可以報告、聯絡、商量嗎？」的精神啊，慢走不送。

這就是第三個「應戰方法的原則」。

到此介紹的三大原則是本書最重要的訊息。

我最後再重新寫一次，請大家默念之後徹底烙印在腦海中。

【「無解賽局」的應戰方法】

①「程序要性感」＝

透過性感程序得到的答案很性感

②「創造出兩個以上的選項後選擇」＝

比較選項之後，選擇「較佳」的那一個

③「必定伴隨批判與議論」＝

議論是最大的前提，有時沒有批判便無法收尾

1-6 「無解賽局」無所不在
選詞用字、簡報寫作

那麼，來到本章最後一小節了。

本章結束後，從第二章起立刻進入深似海的世界，要開始講述豐富的思考技術話題。

在此之前，我想要向大家介紹兩個充斥各位周遭，運用「無解賽局」應戰方法的例子。

①「選詞用字」

用最近流行的表現來說明就是「言語化」。

不管戀愛諮商還是工作諮商，什麼都可以，對於他人找你商量煩惱時，要用怎樣的話語回答也沒有唯一的正確解答。

所以說，這當然也是「無解賽局」。

舉例來說，假設你現在有個很沒用的晚輩。

那個晚輩老是犯相同錯誤。

你在此時會對他說什麼話呢？

當然，因為說好幾次了他都沒有改正，不管是誰都會失去耐性。

此時，有解賽局心態的人或許會立刻脫口「你是笨蛋嗎？」

但是，我們得要思考，該說出怎樣的話才能同時表達出**「你是笨蛋嗎？」**的心情，以及不傷害對方的心還能促使對方成長。

這個問題沒有答案，在你意識到這是「無解賽局」時，當然就該思考兩個以上的選項。

以這次為例，

你是笨蛋嗎？　遜咖嗎？　耍淘氣？

我們就舉出這三個選項之後再來選擇吧。

在此要讓思緒全速運轉，用自己的方法思考，從各種狀況中判斷「要淘氣」是最適合的話，你就能說正在使用「無解賽局」的應戰方法。

像這樣確實運用「無解賽局」的應戰方法後，你也能加速自己的成長。

請透過「選詞用字」來磨練「無解賽局」的應戰方法。

②「簡報寫作」

大家最喜歡的簡報寫作。

但環視周遭會發現，很多人雖然會做ＰＰＴ（PowerPoint）卻寫不出簡報來。

這是因為把「寫簡報」當作「有解賽局」來做，才會怎麼做也做不好。

要寫一張簡報，下列流程相當重要。

①明確抓出論點，以此為基礎，確實將想傳達的訊息化作言語。

②要在其中加入最低限度支持這個訊息的事實。

③思考簡報呈現出來的印象。

④利用字詞擷取到此為止做出來的內容，以此為基礎製作PPT。

這就是性感的程序。

只要跳過任何一道流程，就無法寫出最棒的簡報。

這當然需要「創造出兩個以上的選項」，最起碼也得思考兩種格式，接著以此為基礎選擇較好的那一個，也不可以忘記以上程序。

說「我簡報寫不好」的人，不是沒有理解這個程序，就是即使理解也沒有按部就班照步驟來，所以才無法改善。

只要不把這當作「無解賽局」看待，就無法期待能有所成長。

那麼，第一章也即將要畫下句點。

你應該已經稍微感受到「無解賽局」無所不在了吧。

換個說法，明明其實是「無解賽局」，卻在不知不覺中使用「有解賽局」

的應戰方法應對，事實上正在發生這種恐怖的事情。

【「無解賽局」的應戰方法】

①「程序要性感」＝
透過性感程序得到的答案很性感

②「創造出兩個以上的選項後選擇」＝
比較選項之後，選擇「較佳」的那一個

③「必定伴隨批判與議論」＝
議論是最大的前提，有時沒有批判便無法收尾

請大家千萬別忘記以上原則。

接下來，從下一章開始，我要傳授大家思考技術，這是應戰「無解賽局」時所需的武器。

那麼各位讀者，請繼續和我一起享受「無解賽局」吧。

關於新事業，這樣寫就可以了吧。傳送……
你等等～!!
思考引擎
高松智史
你現在是不是打算要問上司「這樣對嗎？」
呃，對啊，因為報聯商是基本嘛。
不可以！
你不可以只讓上司一個人面對「無解賽局」。
傷腦筋了……
這又沒有正確答案啊……
請查收。
來去玩吧～
你自己也該參加這場「無解賽局」。

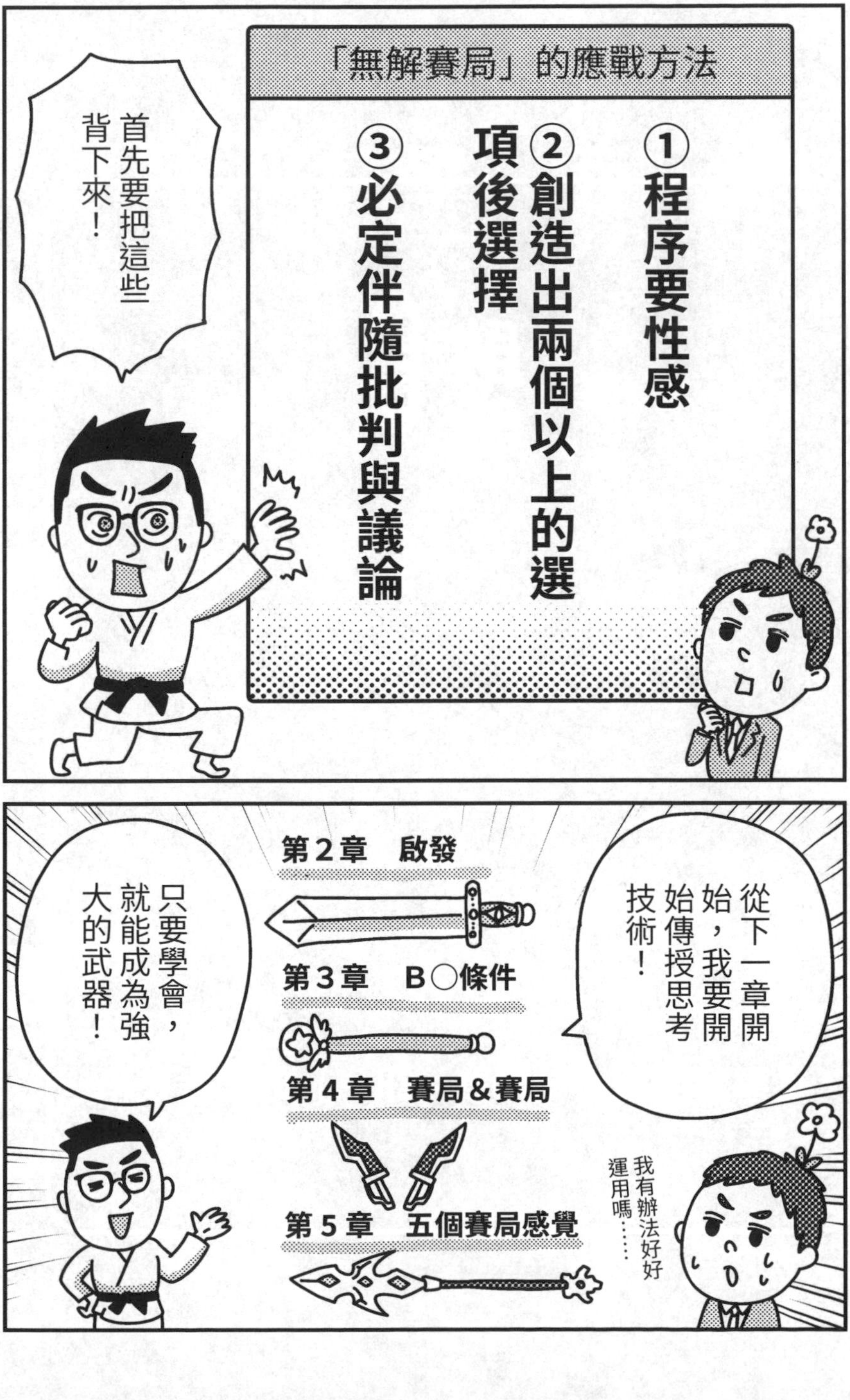
「無解賽局」的應戰方法
①程序要性感
②創造出兩個以上的選項後選擇
③必定伴隨批判與議論
首先要把這些背下來！
從下一章開始，我要開始傳授思考技術！
第2章　啟發
第3章　B◯條件
第4章　賽局&賽局
第5章　五個賽局感覺
只要學會，就能成為強大的武器！
我有辦法好好運用嗎……

第二章 啟發

從事實中抽出「啟發＝訊息」的思考技術

「啟發」是何方神聖？
用以掌握「啟發」的兩個口頭禪
「啟發」是程度問題
「啟發」也是無解賽局
「桃太郎」帶你學會整套「啟發」
「啟發」不管用在「圖表」還是「文章」皆同
「啟發」可以成為工作上的武器

來場「無解賽局」吧。

這是本書的主題。

不需要把「日本人就這樣」，或「都是大考戰爭、中心考試的錯」拿出來說，每個人都不擅長應對「無解賽局」。

我在第一章說明了許多關於「無解賽局」的應戰方法。

但大家即使理智上很明白，卻也會在不知不覺中切換成「有解賽局」的應戰方法。

下意識尋找「答案」，跑去問別人「這種做法對嗎？」或是產生想要問人的衝動。

明明是沒有正確解答的問題，但總之先 Google 之後就自以為明白了。

這也正是已經一腳踩進「有解賽局」中的證據。

這樣無法在「無解賽局」中贏得勝利。

我分別將在接下來的第二章到第三章中，各傳授一個為了贏得「無解賽局」勝利的思考技術給大家。

首先是「啟發」。

各位都在不知不覺中以「Fact＝事實」為基礎行動。

從某種意義上來說，事實的世界為「每個人都這麼想！＝『有解』」。

但只靠這樣無法在「無解賽局」中獲勝。

我接下來要帶領大家充分享受，我們需要以「『可從事實中論述的事情』＝啟發」為基礎行動。

只靠「事實」思考的世界　VS　利用「事實→啟發」思考的世界。

我將仔細說明能夠辦到此事的思考技術。

此外，這個「啟發」（以及找出啟發的行為）本身也沒有「答案」。

因此，我在第一章傳授給大家的「無解賽局的應戰方法」極為重要，請搭配在第一章學會的東西加深理解。

2-1 「啟發」是何方神聖？

說事實的遜咖，別再當遜咖

「啟發」就是可以從事實中闡述的事情。
英文好的人可以視為「Implication」。
波士頓顧問公司的說法是「So-What」。
而我自己喜歡說「Message」。
這些全部都是可以與「啟發」同義使用的字詞。

這是一本商務書籍，所以我試著使用煞有其事的字詞，但其實每個人每天都與「啟發」共度。

・好朋友「頂著清爽俐落的新髮型來參加女孩們的聚會」時，「換個形象？發生什麼事情了嗎？失戀！？」

你應該曾遇過以上這樣引起一陣騷動的場面吧。
在此也包含了「可以從事實中闡述的事情」，也就是啟發，你有發現嗎？
這當然是，事實＝「清爽俐落的新髮型」，而啟發＝「失戀！？（肯定是失戀了）」。

・很少更新ＩＧ的朋友Ａ子上傳了「在義式餐廳吃飯&對焦在對面餐盤上」的照片時，出現「交男友了？」的留言。

這稀鬆平常的互動中，也包含「可以從事實中闡述的事情」＝啟發。

工作中不經意的互動也處處皆啟發。

・平常總是喊「高松先生」的上司突然喊「小高松」時，就會察覺「這應該是想要拜託我麻煩事吧」，然後裝作沒有聽見。

・邊看每家店舖的營收報表想著「澀谷店的營收一落千丈，或許發生什麼狀況了」，或「原宿店的營收突然大幅成長，打個電話給店長，問他是採取了怎樣的策略吧」等等並採取行動。

以上事例正是從「事實」中找到「啟發」之後進一步採取什麼行動，可說是在啟發推波助瀾下行動的具體場面。

另外，常聽人說的「女性的直覺」也充滿了啟發。

‧約會時，把手機畫面朝下擺放的男人絕對有劈腿。
‧平常不會特地說和誰出去，但只有週五的某次聚會說了「我要和〇〇前輩一起去喝一杯」的男人絕對有劈腿。

這也是由「事實」以及可以從事實中闡述的事情＝「啟發」所構成的發言。但這些發言幾乎都是從**自己過去的經驗，或者他人告知自己的事情＝他人的經驗而來的發言**。

也就是說，這些人是只能從自己的經驗、過去曾發生的事情中，找到啟發的遜咖。

如果貼合本書主題來表現，這方法**只能用在「有解賽局」上面**。

本書的目的是要在「無解賽局」中獲勝。

所以，我要在本章傳授大家在「無解賽局」中使用「啟發」的方法。

即使和不曾經驗過的「事實」對峙，也能感知「啟發」並將其化作言語，你就能在無解賽局中處於有利地位。

歡迎來到，啟發的世界。

珍重再見，只有事實的世界。

2-2 用以掌握「啟發」的兩個口頭禪

口頭禪最能改變行動

當學習新事物時，特別是學習「思考能力」或「無解賽局的應戰方法」、「啟發」等無形抽象的事物時，我希望大家可以重視**「口頭禪＝對自己說的話」**。

整理好言語之後，思緒也會跟著釐清。

在學習啟發時，有兩個很重要的性感口頭禪，我希望大家可以記下來。

不只如此，只要找到時機，就要帥地大喊吧。

首先，第一個是最經典的一句話。

啟發可從事實中找到

當你看見事實、看見圖表、閱讀文章時，請小聲問自己這一句：

我可以從中闡述什麼？

你的好朋友敦子剪了一頭清爽俐落的新髮型現身時，別只是一句「喔，妳剪短頭髮了耶，很可愛喔。」就結束，要在自己心中大喊「可以從中闡述什麼？」

腦袋全速運轉思考「剪短頭髮了耶。可以從這個事實中說些什麼？」即使牽強也沒關係，我希望你能繼續說下去。

「喔，妳剪短頭髮了耶，很可愛喔。是發生什麼心情上的變化嗎？還是失戀了啊？或者說，開始跑馬拉松了？」

後半正是「啟發」。

不問出口就不知道是真是假。

這就是「啟發」。

請將這個口頭禪當作說出啟發的開關，希望大家可以幹勁十足地想著「我要從這個事實中找到啟發！」

「雖然正如所見」這句魔法話語

如果可以如前述說出啟發就太棒了，但啟發也沒那麼簡單就能想出來。

除此之外，我們每天都會碰到很難找到啟發的事實。

此時我希望大家養成的另外一個口頭禪就是**「雖然正如所見」**。

這是將「事實」當作「事實」確實認知，將其與啟發區別的話。

在可以說出啟發之前，首先得先明確區分出啟發與事實。

我將其命名為「**事實VS啟發**」。

表明「我有確實區分自己的發言是事實還是啟發喔！」的前置詞，就是「雖然正如所見」。

只是加上這句臺詞，不僅能讓自己意識到**「雖然我很想說些啟發但想不出來，所以總之先把事實說出來」**，也能把這個想法傳達給對方。

我們拿剛剛的例子來說明會變成：「喔，**雖然正如所見**，妳剪短頭髮了耶。」

就是將「雖然正如所見」與「可以從中闡述什麼？」組合起來使用。

我們來試著將其套用在商務場面上面。

會議中，下面的圖表（P64）出現在大螢幕上。

假設你是與會者中地位最菜的人，自然而然得要第一個發言。但你腦袋一片空白，想不出任何一句該說的話。

此時你就可以這樣說：

「雖然正如所見，可以看到營收成級數（等比級數）上升呢。」

某公司的營收圖表

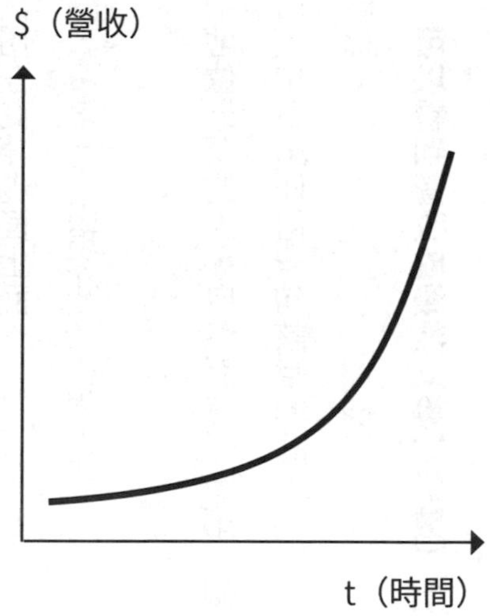

如果你沒先加「雖然正如所見」，劈頭就說「營收成級數上升呢」，所有人都會吐槽你「這一看就知道了吧」。

但加上「雖然正如所見」後，就能創造出一個停頓點。

不僅如此，當你把「雖然正如所見」養成口頭禪之後，這句話會成為引導出「啟發」的開關，啟動你的思考。

除此之外，還有容易接續下一個議論的優點。

加入停頓點後也沒任何想法時，你可以說**「雖然正如所見，可以看到營收成級數上升呢。所以……請問○○先生有什麼想法嗎？」**把任務託付給其他人，或者帶領大家朝議論方向發展。

請記住這個流程。

「雖然正如所見」→「可以從中闡述什麼？」

那麼，暖身運動就到此為止。

接下來要緩步進入啟發的深奧世界中囉。

2-3

「啟發」是程度問題

脫離「0、1文化」，無解賽局開賽

事不宜遲，立刻來出個問題。

問題

從此圖表可以說出的「啟發」＝從此圖表這個「事實」中可以闡述些什麼呢？
請說出三個。

某公司的營收圖表

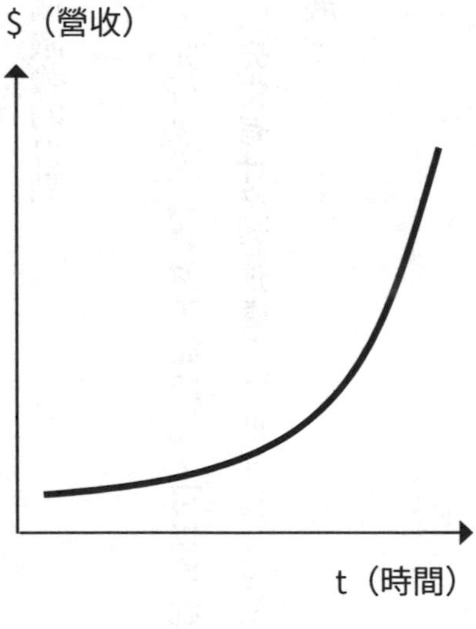

而且還要說三個！

凡事皆是如此，只是單純閱讀文字沒辦法習得技術。

就算強迫自己，提出許多答案是相當重要的。

因為把量擠出來之後，就能吸收更多技術，加倍成長。

那麼，你想出三個啟發了嗎？

接下來讓我詳細說明本節標題出現的**「啟發是程度問題」**。

事實與啟發間的差異是什麼？

首先我要舉出剛剛那個問題最常見到的三個答案。

【常見答案】

①這家公司正在成長

②營收上升，接下來也會繼續上升

③投資這家公司吧！

請問這之中哪個是事實、哪個是啟發呢？

①和②接近事實，但②後半「接下來也會繼續上升」似乎也參雜了一點啟發的性質。

而③是最讓人感覺接近啟發的答案。

我再出一題。

【問題】 請舉出比①～③更接近啟發的④。

①這家公司正在成長

②營收上升，接下來也會繼續上升

③投資這家公司吧！

④（　　　　　　　　）

理所當然的，要寫出並非接近事實，而是更加接近啟發的內容。

「啟發」為**「或許說對了，但實際上沒有人知道」**。

「事實」是可以斷言之物。

舉例來說，下述這個啟發如何呢？

④這家公司的人事制度正在崩壞

啟發為程度問題

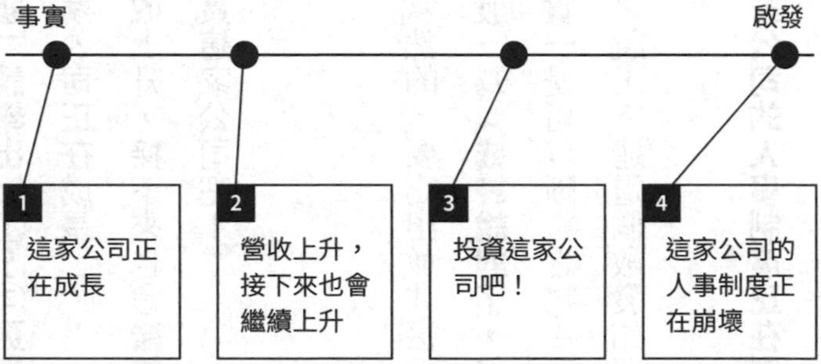

寫到這種程度已經非事實，更加接近「可以從事實中闡述的事情」＝啟發了。

但無論④或者大家想出來的其他啟發，都沒有辦法明確點出「是事實或是啟發」的界線。

事實與啟發沒有辦法分清黑白，正如上圖所示為「程度問題」。

剛才提到的④，我們可以將其視為啟發的「濃度」較高。

也可說成「啟發成分的『比例』增加」。

這部分的語感可能有點難以理解，但請強烈意識「啟發有漸層性」，也就是「比例問題」。

用不同表現來表達，「事實」就是一百個人來看，一百個人都會給出「就是這樣呢」的認同反應。

我們就從這個觀點來分析剛剛提出的各點吧。

①這家公司正在成長

我想幾乎所有人都會給出「就是這樣呢」的認同反應，所以這可視為事實。

②營收上升，接下來也會繼續上升

這說法如何呢？

感覺會有人出現「不對不對不對，不見得會這樣發展吧」的反應呢。

更別說為了「接下來也會繼續上升」，得付出所需的行動或者金錢。

所以我們可以認為這稍微比較接近啟發。

③投資這家公司吧！

到了這種程度，說出「就是這樣呢」的人也會銳減，所以這也偏啟發。

那麼，如果將事實視為「一百個人中有一百個人」認同的事情，那從這個事實中引導出的啟發為幾人中有幾人認同才具有價值呢？我認為「一百個人中有三個人」認同才具價值。

我將**「一百個人中有三個人」認同「就是這樣呢」的啟發，稱作「白金啟發」**，關於這點將在後面詳細說明。

只聽啟發也無法認同「就是這樣呢」的人，在聽完說明之後也能出現「原來是這樣，確實如此呢」的認同反應，就是在遠離事實到極限的同時，也認知這是啟發的範圍。

超過這個範圍後，會產生只是個「無關事項」的風險。

舉例來說，如果又更進一步從圖表說出「這家公司會在一年後倒閉」，一百個人之中不到三個人認同「就是這樣呢」，這說法極可能只是個單純的「直覺」。

那麼，把前面傳授的口頭禪「雖然正如所見」↓「可以從中闡述什麼？」再加上「幾人中的幾人」。

「雖然正如所見」↓「可以從中闡述什麼？」↓「那是幾人中的幾人呢？」

像這樣說出口，將其養成思考習慣是最好的方法。

從事實中找出啟發的思考方法會逐漸烙印在你心中。

最後讓我用對「④這家公司的人事制度正在崩壞」的說明，來替這一小節做結尾。

④「這家公司的人事制度正在崩壞」出現的理由

「營收急遽增加，當然也可預測員工人數會增加。伴隨員工增加會帶來雇用型態多樣化的狀況，如此一來無可避免發生管理體制外的『例外』，薪水與工作方法也會因此變得不一致。只要這個『例外』連續五年增加，人事制度便會形同虛設，更極端點說是崩壞也沒錯。」可以如此說明此答案。

當然因為這是「無解賽局」，無人能知是否真會如此發展。

只不過，只要掌握啟發的技術，就能從剛剛的圖表當中讀取這樣的啟發。

下一節，我將要說明具體找出啟發的方法。

2-4

「啟發」也是無解賽局

暗號是「程序」、「兩個以上」、「批判」

口頭禪很棒。

因為可以帶領我們思考，成為讓我們靈光閃現的開關。

「雖然正如所見」↓「可以從中闡述什麼？」↓「那是幾人中的幾人呢？」

我接下來要解說這三句口頭禪中的核心，啟發部分的「可以從中闡述什麼？」

「可以從中闡述什麼？」

我在第一章提到的「無解賽局」，其核心正是「啟發」。

即使只是剛剛那張圖表，「從事實中可以說些什麼＝啟發」也沒有一定答案。

我在最後提到「人事制度正在崩壞」這個啟發，但其實還能想出無限多答案。

舉例來說，也可能想出**「超級 CHRO（最高人事負責人）肯定參與其中」**這種啟發。

只要像這樣習慣之後，就能想出無限多的啟發。

在這無限多的啟發中要選擇何者。

這正是無解賽局的精髓。

大家還記得「無解賽局」應戰方法的三大原則嗎？

回答「咦？是什麼來著啊？」的人，還請藉此機會再次默背起來。

沒有背起來的東西不僅要用時拿不出來，想掌握也更耗費時間。

你就當作被騙，先把挑戰無解賽局的三大原則背下來吧。

「無解賽局」的應戰方法

①「程序要性感」

②「創造出兩個以上的選項後選擇」

③「必定伴隨批判與議論」

我把這些與「啟發」相乘說明。

「無解賽局」的應戰方法與啟發異曲同工

①「程序要性感」

首先最重要的，從事實中導出的啟發，沒有可以直言「這就是正確答案！」的東西。

再加上啟發是程度問題，所以也沒有辦法黑白分明。

正是名副其實的無解賽局。

因為無從判斷「找出的啟發」本身正確或不正確，所以在此也只能靠程序一決勝負。

我在這邊先說出來，找出啟發的程序有三步驟，忠實遵守這三步驟才是掌握啟發的捷徑。

②「創造出兩個以上的選項後選擇」

正如我剛剛提到的，啟發沒有答案，可以想出無限多個啟發。

所以只能從單一事實找出兩個，最好找出三個啟發後互相比較，接著最終判斷要採用哪個啟發。

我們從剛剛的圖表中找出四個啟發。

首先像這樣增加數量相當重要。

如果你只提出或只能提出一個啟發，可認為那單純只是你的「刻板印象」。

找出啟發時，在無限多的啟發當中，縮小範圍到兩個以上且可以選擇的數量就是重點。

只不過，為了要找出兩個以上的優質啟發，這就需要技術。

③「必定伴隨批判與議論」

最後要談論③「必定伴隨批判與議論」和啟發之間的關係。

議論就是「啟發的衝突」。

找出兩個以上的啟發之後，和同事、上司、客戶毫不客氣地大聲議論，最後決定要採用誰的啟發，工作現場幾乎每天都會發生以上的狀況。

也就是說，不是找出啟發，也不是找出兩個啟發好厲害呀，就結束這一回合，最後也別忘記「要用議論來做結尾」。

2-5 「桃太郎」帶你學會整套「啟發」

「桃太郎學習單」

我要用「桃太郎」來傳授大家找出啟發的程序。

我把這項工作稱為**「桃太郎學習單」**。

光閱讀這個學習單就能提升理解度。

桃太郎學習單①──從童話「桃太郎」中可以得到什麼啟發？

別太緊繃神經，請用你最老實的心情回答就好。

從「桃太郎」這個故事中可以找出什麼「啟發」呢？

這邊的啟發也就是在國中入學考試時會考的「作者的意圖」。

桃太郎這個民間故事中的「作者的意圖＝啟發」是什麼呢？

在此寫出你自己認為的啟發相當重要，所以請你找出自己的啟發之後再繼續閱讀下去。

應該幾乎沒有人不知道「桃太郎」，如果老實讀取從這個故事中得到的啟發（更正確來說感覺偏向被教導），應該會是**「想要成就大事就需要夥伴」**吧。

「想要打鬼，靠一己之力無法成功。在前往打鬼的路上，拿奶奶做的糯米糰子召集夥伴，最後才得以打鬼成功。所以說，想要成就大事果然需要夥伴。」

這沒有正確答案。

啟發是無解賽局，所以應該也有人在閱讀時想到了不一樣的啟發。

但我們在此姑且先以「想要成就大事就需要夥伴」，為從「桃太郎」這個故事中得到的啟發繼續進行下去。

桃太郎學習單②——「『儘管』句構」的技術

在進入桃太郎的話題之前，我要告訴大家一個，掌握啟發時的重要事項。

假設你現在聽聞了「和我同年進波士頓顧問公司的高部先生，只花一年三個月就升等為顧問師了」這件事＝事實。

字面上看起來，啟發當然會是**「同年進公司的高部先生很優秀」**。

但是，為什麼可以從「和我同年進波士頓顧問公司的高部先生，只花一年三個月就升等為顧問師了」，找出「同年進公司的高部先生很優秀」這個啟發呢？

稍微更具體點解釋，可以寫成以下結構：

【啟發】

同年進公司的高部先生很優秀。

↑

【事實】

高部先生一年三個月就升等了↔高松、其他人兩年升等

再說得更簡單易懂點，可以寫成**「儘管『高松、其他人兩年升等』，但『高部先生一年三個月就升等了』，這肯定表示高部先生很優秀」**。

沒錯，**啟發肯定存在比較對象**。

換句話說，如果無法確實講出比較對象，「那就不是啟發，只是單純的感想！」

這件事相當重要，還請務必記起來。

寫成口頭禪可以變成這樣。

「儘管○○○，但╳╳╳那肯定□□□。」

我把這通稱為**「『儘管』句構」**。

也該把這句話養成口頭禪，把這句話和剛剛的口頭禪整併之後會變成以下：

「雖然正如所見」↓「可以從中闡述什麼？」↓「那是幾人中的幾人呢？」↓「用『儘管』句構會怎麼說？」

試著把「儘管」句構套用在桃太郎啟發的比較上來看。

首先，先想出方才的結構。

【啟發】

想要成就大事就需要夥伴。

→

【事實】

（　　）↕（　　）

此時，請自問以下問題。

讀完桃太郎後得到「成就大事需要夥伴」這個啟發了，那我是怎樣解讀哪個部分才得到這個啟發呢？

得到「成就大事需要夥伴」以外其他啟發的朋友，也請更加具體思考自己為什麼會得到那個啟發。

在此之上，做這個比較時有個重點。

那就是**比較對象為「事實↔事實」或者「事實↔常識／知識」**。

如桃太郎的例子，短篇故事多少會加入一點推測，但啟發的比較盡可能採用「沒有推測餘地的事實」很重要。

進一步應用也可以和「常識／知識」比較。

用前述「高部先生很優秀」來寫，會變成以下內容：

【啟發】

同年進公司的高部先生很優秀。

→

【事實↔常識／知識】

高部先生一年三個月就升等了↔一般而言是兩年升等

下面的部分就是「常識／知識」。

讓我們回到桃太郎的話題。

【啟發】

成就大事需要夥伴。

→

【事實↕常識／知識】

桃太郎和猴子、雉雞、狗成為夥伴，成功打倒鬼↕如果只有桃太郎一個人，應該沒有辦法成功打鬼

用「儘管」句構來寫之後會變成：

儘管「只有桃太郎一個人（肯定）沒辦法打倒鬼」，但「（桃太郎）得到猴子、雉雞、狗等夥伴之後打倒鬼了」，所以說，這個民間故事的作者肯定是想要說「成就大事需要夥伴」準沒錯。

桃太郎學習單③——三結構的技術

【啟發】

成就大事需要夥伴。

→

【事實↔常識／知識】

桃太郎和猴子、雉雞、狗成為夥伴，成功打倒鬼↔如果只有桃太郎一個人，應該沒有辦法成功打倒鬼

請以此啟發為前提，替「桃太郎」這個故事做摘要。

桃太郎的故事中也出現「老爺爺去割草」以及「桃子載浮載沉地順水流下來」的描述。

對故事來說極為必要，但當要談論「比較」及「啟發」時，將這類內容省略會比較好。

我把這個摘要的作業稱作**三結構**。

說起為什麼要做這項作業，因為只要加上「三結構」的制約之後，必然得在自己心中取捨事實，就能進一步帶領思考進化。

如下一頁的圖示（桃太郎的三結構①）般做摘要，就可以鍛鍊起寫出三結構的能力。

那麼，我們來整理到目前為止的學習單工作吧。

從結論來說，為了要找出啟發，只要湊齊「三結構」、「比較」、「啟發」三個要件就能抵達終點。

桃太郎的三結構①

三結構　將故事分割成三部分來摘要

1 從桃子中出生的桃太郎 → 2 帶著猴子、雉雞、狗等夥伴 → 3 成功打倒鬼了

桃太郎的三結構②

三結構　將故事分割成三部分來摘要

1 從桃子中出生的桃太郎 → 2 拿糯米糰子 → 3 得到猴子、雉雞、狗等夥伴

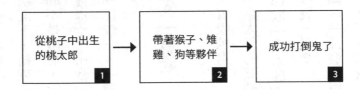

應該沒人沒找到「啟發」也以為抵達終點，但很多人都在忽略「比較」與「三結構」的狀況下，結束「找出啟發的程序」。

這樣找出來的不是啟發，而更接近靈光一現或刻板印象。

無論從圖表或從文章中都好，請務必牢記，從事實中找出啟發時，必定要「三結構」、「比較」、「啟發」三要件成組出現。

桃太郎學習單④——實踐

那麼，接著來實際練習。

試著以上面「桃太郎的三結構②」為基礎，找出「比較」與「啟發」吧。

這邊改變了擷取「桃太郎」故事的方法，從這個三結構中可以看出怎樣的「比較」與「啟發」呢？

拿下一頁的圖（「啟發」與「比較」①）來想像會比較容易思考。

上方為啟發，下方為比較。

那麼，將「桃太郎的三結構②」填入圖上的「啟發」與「比較」後，會變成下一頁的圖（「啟發」與「比較」②）。

「啟發」與「比較」①

從三結構可以找出什麼
「啟發」與「比較」？

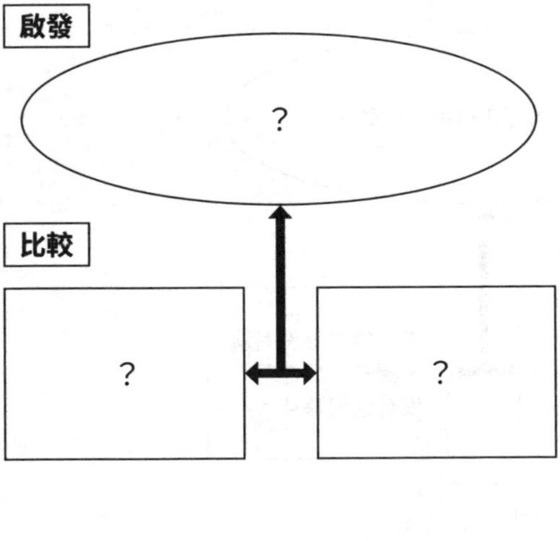

可以發現出現不同啟發了對吧。

「啟發」與「比較」②

從三結構可以找出什麼
「啟發」與「比較」？

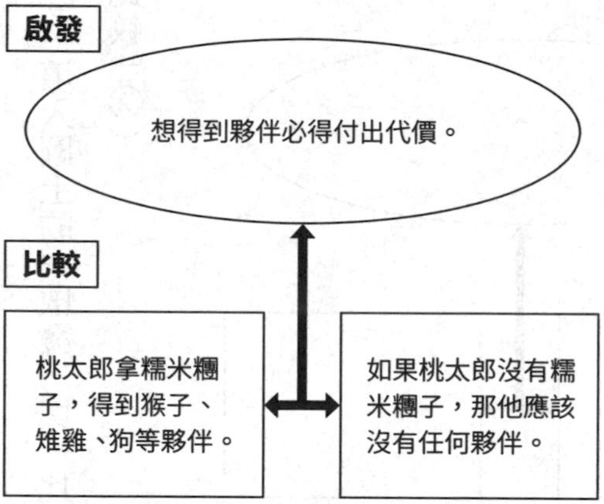

剛剛的事實為「打倒鬼」，所以才會想到「成就大事」，但這次的事實為「桃太郎拿糯米糰子，得到猴子、雉雞、狗等夥伴」，所以比較對象也會隨之改變。

這次事實中的主角為「糯米糰子」，所以才會找出「想得到夥伴必得付出代價」的啟發。

桃太郎學習單⑤「創造兩個以上的選項後議論」

接著最後要介紹最重要的程序。

透過到目前為止的桃太郎學習單，我們找出兩個「啟發」了。

我想再怎樣大家應該都已經記住了，無解賽局應戰三大原則又要在此登場，「①程序要性感」、「②創造出兩個以上的選項後選擇」、「③必定伴隨批判與議論」。

在桃太郎學習單①~④中，我們已經親身感受①程序要性感了。

不管「啟發」→「比較」→「三結構」或「三結構」→「比較」→「啟發」都沒關係，做出這三要件的程序很重要，而這個程序很性感。

而現在，我們從「桃太郎」中得到以下啟發：

- **成就大事需要夥伴。**
- **想得到夥伴必得付出代價。**

有以上這兩個選項。

這就是②「創造出兩個以上的選項後選擇」，那麼我們該怎麼選擇呢？

沒錯，③「必定伴隨批判與議論」，換言之接下來開始議論後做出選擇。

「成就大事需要夥伴」和「想得到夥伴必得付出代價」，哪一個才是最適合「桃太郎」的啟發呢？

接下來針對這點開始議論。

如果桃太郎是寫給社會人士、成人閱讀的故事，那將「想得到夥伴必得付出代價」視為主要啟發（作者訊息）或許不錯。

但一般會認為桃太郎是寫給小朋友，更進一步說是寫給小學低年級以下的小朋友看。

如此一來，把「成就大事需要夥伴」當作主要啟發或許更恰當。

假設認同「想得到夥伴必得付出代價」，可能出現「欸欸，高部同學，我給你牛奶，你可以和我當朋友嗎？」這樣，鼓勵小學低年級以下心靈純真的孩子們，做出用物品籠絡他人的行為。

這不太好。

我想閱讀本書的大家當然也是心靈純真的人，應該不會做出用金錢收買人心，或是用物品籠絡他人等小聰明的行為吧。

以上，找出兩個啟發並互相比較，思考何者更為恰當，至此為找出啟發的程序。

桃太郎學習單進階題——白金啟發

接下來是最後一個桃太郎學習單。

我至此告訴了大家找出啟發所需的「雷達」。單純拿出、叫喊著「啟發」不過只是「感想」，我想大家應該都學會以上這點了。

「啟發」絕對與「比較」成組出現。

也請別忘記，比較時要盡可能拿事實來對比。

另外，不管擺前面還是擺最後都沒關係，寫出「三結構」也很重要。

為什麼「三結構」也那麼重要，因為可以更容易找出兩個以上的啟發。先寫出最先找出的啟發的「三結構」之後，再寫下不同啟發的三結構。

從一個故事中擷取不同事實，寫出新的「三結構」之後，新的「啟發」與「比較」自然而然隨之浮現。

那麼，基本的桃太郎學習單到⑤結束，但我最後想向大家介紹找出「最後殺手鐧級」精準啟發的方法之後再結束本節。

順帶一提，我把這種啟發稱為**「白金啟發」**。

也可將「成就大事需要夥伴」稱為黃金啟發，「想得到夥伴必得付出代價」稱為青銅啟發。

白金啟發就是精準找出「一百人中有三人認同」的感覺。

至此我們一直以正經八百的「啟發」為目標，但白金啟發也可說是變化球等級的啟發。

「雖然正如所見」↓「可以從中闡述什麼？」↓「那是幾人中的幾人呢？」

請回想起這個之後思考，接著務必請準備好「比較」。

沒有「比較」的「啟發」與垃圾無異。

我的「啟發」會寫在下一頁，但在翻開下一頁之前，請你試著自己思考看看。

白金啟發①

首先從「要擷取哪個事實」開始。

我這次試著關注這一點：

夥伴只有「三隻」動物這一點

如何呢？

或許有人光這句話就能浮現什麼想法了。

舉例來說，可能會想出「因為要去打鬼，儘管有三十隻夥伴比較好，但他仍『只帶三隻』夥伴去，也就是說，**為了成就什麼事情，自己＋三人的團隊是最好組合**」這樣的啟發。

根據你關注故事中的哪個事實，擷取哪個事實，決定了凸顯怎樣的啟發。

白金啟發②

接著不是關注「三隻」這一點，

而是關注**讓「猴子、雉雞、狗」成為夥伴這一點**，

又會想出怎樣的啟發呢？

「因為要去打鬼，儘管選擇獅子、老鷹、猩猩會比狗、雉雞和猴子有更高的機率獲勝，但桃太郎還是刻意選擇『猴子、雉雞、狗』成為夥伴，也就是說**在組織團隊時，要選擇比領導者弱，比較容易操控的人比較好。**」

就像這樣，只要關注不同的事實就能想出不同的啟發，也就能夠找到讓「一百個人中有三人」認同的前衛且具有創造性的啟發。

雖然可以想出無限多個啟發，但我以下一個啟發作結。

白金啟發③

不是人類所生，而是從桃子中誕生的男人打倒鬼這一點

關注這一點之後會得到下列啟發。

「當想要描繪『正義必勝』、『勸善懲惡』的世界觀時，儘管寫一個『人類所生的人』打倒鬼的故事也可以，卻刻意寫成『從桃子中誕生的人』打倒鬼，可說**這世界上，『DNA』可以影響萬物。**」

沒錯，人類所生的人無法打倒鬼。也就是說，可以想見其中有「想要打倒鬼就得要天生擁有什麼特別的力量等等，非得超越人類的一般常識」這樣的思想。

大概幾乎不會有人這樣解釋吧。

這正是「白金啟發」。

正如我前面所述，即使是一百個人之中只有三個人會想到的啟發，只要在說明之後獲得多數人理解，這就是有效的啟發、有價值的啟發。

為了找出具創造性的啟發，為了把想出多數個啟發當成自己的技能，要關注哪個事實、擷取哪個事實會變得相當重要。

2-6

「啟發」不管用在「圖表」還是「文章」皆同

「啟發」、「比較」、「三結構」

要學習找出啟發的方法，用文章來練習比較恰當，但應該也會常遇到從文章以外的圖表或表格當中找出啟發的場面。

特別是諮商師，就得要和「表格」、「圖表」大眼瞪小眼，從中擠出啟發才行。

所以說，我想要在此先出一道問題。

下一頁的圖是二〇二〇年各日期依「出生人數」多寡排序的排行榜。

二〇二〇年的生日別人數排行榜

	1月	2月	3月	4月	5月	6月	7月	8月	9月	10月	11月	12月
1日	363	267	320	272	1	132	45	256	39	60	350	42
2日	358	328	210	9	241	40	99	325	78	91	149	145
3日	326	141	48	23	304	55	134	46	115	247	294	204
4日	260	103	166	254	301	191	248	24	159	312	136	222
5日	310	187	218	332	294	129	323	27	270	125	64	279
6日	25	187	201	195	282	261	226	32	343	59	109	355
7日	4	199	291	48	33	351	5	37	159	199	269	180
8日	30	299	362	93	7	196	123	245	28	151	319	109
9日	79	338	206	169	244	35	142	299	56	209	180	214
10日	40	143	68	139	311	70	145	317	103	271	113	219
11日	249	306	228	275	64	147	254	16	151	341	99	217
12日	331	77	222	335	20	189	315	8	262	85	165	298
13日	327	144	231	202	121	273	112	106	347	80	229	353
14日	92	81	287	166	166	334	47	236	97	96	276	237
15日	11	263	361	85	61	161	54	274	12	172	360	121
16日	124	348	176	157	264	72	67	314	21	192	163	234
17日	74	194	106	173	324	58	95	113	14	280	117	235
18日	259	61	120	287	117	175	265	19	18	352	185	232
19日	297	151	149	340	117	178	321	51	242	186	161	305
20日	57	109	309	135	130	284	29	125	303	31	93	364
21日	35	158	290	34	206	342	3	90	285	106	286	224
22日	101	257	356	63	155	85	13	258	281	148	357	105
23日	138	349	155	82	253	85	292	316	22	205	329	206
24日	83	354	98	76	345	174	308	127	2	296	151	183
25日	252	136	184	251	196	128	250	26	6	346	89	182
26日	337	74	192	322	44	177	313	115	243	210	133	317
27日	212	131	239	15	171	268	70	164	306	43	203	366
28日	66	219	302	17	196	330	10	169	53	84	287	233
29日	140	293	359	283	213	224	48	266	52	221	339	246
30日	214		240	38	277	68	101	332	73	190	229	336
31日	227		238		343		179	214		278		365

資料來源：日本厚生勞動省「人口動態統計」

那麼，可以從這個表格當中找出什麼啟發呢？

這一次請試著只思考「比較」與「啟發」，接著用**「儘管○○○，但×××那肯定□□□。」**的句構寫文章。

那麼，大家寫好了嗎？

我自己很喜歡的啟發如下：

「儘管黃金週假期附近的日期出生人數也相對較少，但五月一日排行第一名，五月八日也排行第七名，名次極端地高。也就是說，或許可說出『因為醫療的力量，要把出生日期往前後挪動一天也只是件小事。』或者『或許是因為「國定假日時醫生也會放假」吧。』」

稍微提個題外話，如果假定「不清楚這是哪一個國家的統計表」，也可以從表中「某些特定日子出生人數少」等事實中思考出「肯定是日本的統計表」，這也是啟發的技術。

把話題拉回來，我會像這樣找出啟發。

不管面對文章還是圖表都相同。

另外還請務必記得，別只是找出「啟發」後就結束，也要拿出比較來。

請讓我反覆重申，**沒有「比較」的「啟發」與垃圾無異**。

那麼再提出另外一個啟發。

「儘管『十二月三十日是第三百三十六名，三十一日是第三百六十五名，一月一日是第三百六十三名』，但『還是有人在這天出生』，也就是說這幾天生小孩的人沒有屈服於醫療的壓力之下，在這三天生小孩，『這三天出生的人家裡富裕的比例高』準沒錯。」

如果大家身邊也有「十二月三十日、十二月三十一日、一月一日」出生的人，請務必驗證這個假設。

如同以上，即使對象變換成「圖表」，找出啟發的方法也沒有不同。

那麼我最後再舉出一個啟發之後結束此一小節。

「儘管『表格不管從三百六十六天（二〇二〇年是閏年）的哪一個日期來看都可以』，但『果然還是會第一個先看自己的生日』，也就是說不管對誰而言都能說『世界以自己為中心轉動』準沒錯。」

這個觀點相當有趣呢。

把焦點放在看這張「表格」的人，會最先看自己生日的這一點上面呢。

這並非完全的事實而包含了些微推測，即使如此，我想幾乎所有閱讀本書的讀者也都第一個先看自己的生日了吧。

如以上所述，不管面對文章、表格還是圖表，做法都相同。

2-7 「啟發」可以成爲工作上的武器

隨時隨地！

好的，我們至此學習了找出「啟發」的方法。

啟發真的相當深奧，所以請務必深入探究。

我也計畫如果本書熱賣，接下來想要寫一本專門探討「啟發」的書。（各位，請從中找出啟發喔。沒錯，請把這本書介紹給你的朋友啊！）

本章最後，我要介紹五個在工作場面上運用啟發技術的方法。

啟發的運用方法①——或許你沒有發現，但投影片寫作也是啟發

投影片上方部分正是我們所說的「啟發」，而內容部分就是「比較」以及「三結構」。

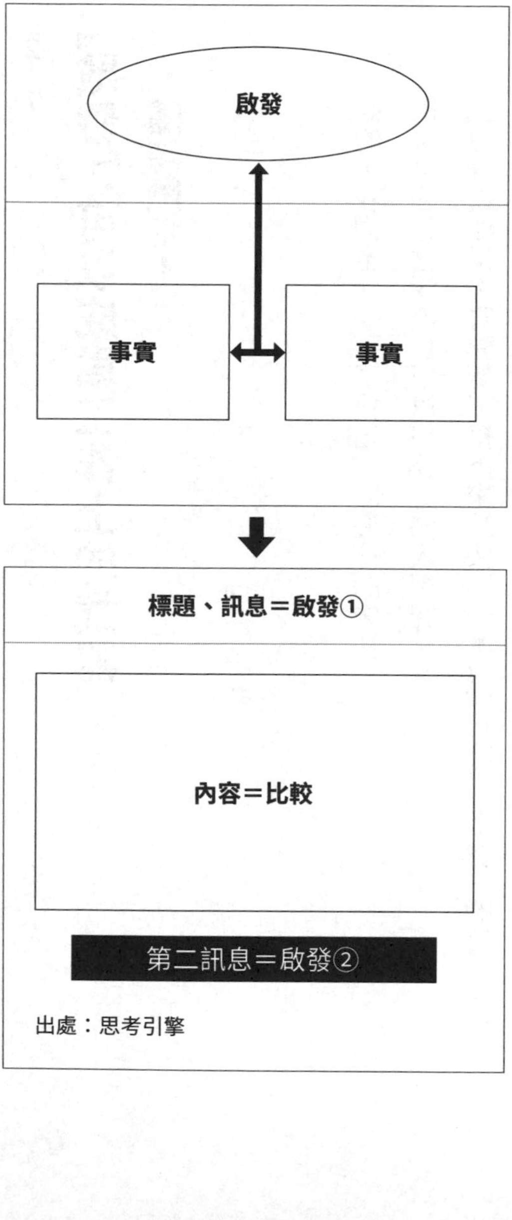

再更進一步說，可以在第二訊息寫上「第二個啟發」。

也就是說，只要你能提升本章所教的啟發能力，你的投影片也能越寫越棒。

啟發的運用方法②——當然，重點在「分析」

不僅限於顧問，利用 Excel 分析大量數據的同時製作成圖表，閱讀文章或書中的圖表及表格等等，廣義來說工作上就是被各種「分析」所包圍。

此時我們常會問一句，「可以從這張圖表說什麼？」

這正是啟發的世界呢。

啟發的運用方法③——「搜文」就要輪到啟發出場了

搜文就是搜尋文章的意思。

舉例來說，當你為了M＆A需要調查欲收購公司的資訊時，你就會去拜谷歌大神來調查。

接著從調查結果來認真思考「真的可以收購這家公司嗎？」

這類工作就輪到啟發出場。

你從這個調查工作中得到「這家是好公司！是值得收購的公司」的啟發了嗎？或者反過來得到「爛公司！千萬別收購的公司」的啟發了呢？

會牽扯到兩個極端不同的行動啊。

啟發的運用方法④——當然不僅「文字」，也可從「發言」中得到啟發

會議中的發言也有「啟發」出場的機會。

日本人，或許也不僅日本人，許多人喜歡說話委婉。

特別是位高權重的人背負著許多責任，所以會避免說出黑白分明的發言。

將這類含糊不清的發言，以各種背景分析之後，找出「肯定是這個意

思！」的啟發很重要。

簡單點說，就是我在本章開頭曾經提過的「平常總是喊『高松先生』或是直呼『高松！』的上司突然喊『小高松』」的場面。

我從這個發言中找到了「這位上司肯定是要拜託我麻煩事」的啟發。

啟發的運用方法⑤——最後創造出超越文章與話語的「行動」的啟發

從發言以外的地方也可以找到啟發。

舉例來說，「儘管他平常在定期會議時都會坐在正中央，今天的會議卻故意坐邊邊。也就是說，這個人很可能對這次的專案感到不滿吧。」

就像這樣，啟發無所不在。

為了贏得「無解賽局」的勝利，我最希望大家記住的就是「啟發」。

請務必有意識地運用啟發。

得拚上性命卻只有一個糯米糰子當酬勞，不覺得太奇怪了嗎？
拿小糰子替我拚命吧
喔！要重視不對勁的感覺！
儘管酬勞只有一個糯米糰子，但還是得到夥伴了。
低酬勞也能得到夥伴，表示在此之外，有什麼必要的要件準沒錯……
一般來說，拚上性命的事情如果不給予對等的東西，不可能得到夥伴。
只靠一個糯米糰子就得到夥伴了。
喔！還寫出「儘管」句構的文章了呢！
桃太郎超級德高望重？
糯米糰子很特別？因為在村子鬧饑荒時來嗎？
唔～嗯
其實除了糯米糰子之外還有其他誘因？例如打倒鬼之後就能一輩子安穩生活？

做完桃太郎學習單的各位，請閱讀芥川龍之介筆下的桃太郎。對於芥川龍之介從一般傳承的桃太郎故事中找出什麼啟發，你不會感到好奇嗎？
簡而言之，就是暗黑版桃太郎……

第三章

B○條件

避免批判，讓議論健全進行的
思考技術

講解「數學」的能力好壞

「公務員VS音樂人」

支持「B〇條件」的思考基礎

從「諮商的傾聽者」開始練習B〇條件

「B〇條件」與戰略思考異曲同工①

「B〇條件」與戰略思考異曲同工②

掌握「B〇條件」的唯一方法

「無解賽局」理所當然「沒有答案」。

所以即使你找出自己的「答案」，也無從確認答案是否「正確」。

我們總之得習慣這件事情才行。

因此，得要和「他人」議論。

當然不可能「迅速順遂」結束，得讓「他人」的答案和「自己」的答案互相衝撞才行。

這就是「無解賽局」。

「必定伴隨批判與議論」＝議論是最大的前提，有時沒有批判便無法收尾。

・得要習慣找出自己的「答案」之後，沒辦法「好的，到此結束了」才行。
・得要習慣「如果不議論，就沒有開始」才行。

接著，最重要的是，

・得要習慣「自己和對方的答案不同」才行。

應該有許多人不擅面對議論吧。

大概因為害怕不同意見互相碰撞時太過激動，結果在找不到折衷點的情況下弄僵彼此關係。

此外，不擅應對或還不習慣「議論」時，可能會傷害對方，也容易傷到自己。

雖然也不喜歡在社群網站上遭到批判，但退讓百步，網路上的只是「陌生人」還可以不在意。

但在現實的工作場面或私生活中無法如此看待。

因為人際關係在議論之後還要繼續下去。

所以如果能有「健全」的議論，當然是再好不過。

我不希望在議論之後和對方弄僵關係，更進一步說，我甚至想直接開開心心地一起去吃午餐。

在第三章當中，我要傳授大家順利進行議論的思考技術。

其名為**B○條件（讀法：B圈條件）**。

這是我的「自創詞」。

當你閱讀完本章之後，應該可以完全理解「B○條件」，並且能順利地進行議論了。

如果大家身處「所有人都要聽我指示的帝王」地位，就不需要用到B○條件，但若非如此，B○條件絕對能成為你的武器。

那麼，接下來讓我們展開熱血課程吧。

3-1 講解「數學」的能力好壞

只會拋出「正確答案」的遜咖

事不宜遲，立刻請大家來看這個知名的「陷阱題」。

【問題】

你開車出門兜風，去程為時速六十公里。
回程為時速二十公里。
雖然走同一條路，但回程時塞車。
請問往返的平均速度為時速幾公里呢？

機會難得，請大家試著用「五分鐘」思考。

總之請試著用這五分鐘解題。

把手動起來，把腦子動起來，之後再繼續讀下去，能讓你加倍進步。

不管工作還是人生皆如此，「首先試著自己做做看」很重要。

如果沒試著自己做，那就會變成單純的「批判者、批評者」。

如果放在平常還無所謂，但只有在這一章，請把「試著自己解題」的能量拿出來用。

那麼，我姑且註記一下，〔距離 ÷ 時間＝速度〕。

那麼，請容我開始解說問題。

大家得出的答案是時速幾公里呢？

答案為「時速三十公里」喔。

當然正如我在問題文前提到的，這是個「陷阱題」，二十個人之中就會有一個人回答**「四十公里！」**

他應該是回答（六十公里＋二十公里）÷二＝四十公里了吧。

我希望他可以別忘記這份單純，說得更直接一點，人生抱著這種單純生活反而可以更順遂，但正確答案是時速三十公里。

本書是談論贏得「無解賽局」勝利的書籍，但這是數學問題，所以有無可動搖的「正確答案」。

假設距離為「一百二十公里」。

如此一來，去程「一百二十公里÷六十公里＝兩小時」，回程「一百二十公里÷二十公里＝六小時」，往返「總距離兩百四十公里，花了八小時」，所以往返的平均速度會變成「兩百四十公里÷八小時＝三十公里」。

那麼，接下來才是重頭戲。

如果用《HUNTER×HUNTER》來比喻，剛才的問題是「獵人試驗」，而接下來即將展開「獵人秘密試驗」。

【課題：說服認為答案是四十公里的人】

你得出的「答案」當然是三十公里！

但你的朋友一臉得意地大喊著「答案是四十公里啦」。

請你現在對這位朋友解釋正確答案，並且得說服他。

此時大家會如何說明呢？

朋友：「算出來了嗎？當然是四十公里對吧，這很簡單啊。」

你：「　　　　　　　　　　　」

很常碰到這種場面對吧。

大家或許都用以下的方法說服對方。

朋友：「算出來了嗎？當然是四十公里對吧，這很簡單啊。」

你：「不對，是三十公里。我們先假設單程距離為一百二十公里喔，如此一來，去程『一百二十公里÷六十公里＝兩小時』，回程『一百二十公里÷二十公里＝六小時』對吧。也就是說，往返會變成『花費八小時行走了兩百四十公里』，所以往返的平均速度會變成『兩百四十公里÷八小時＝三十公里』。」

這確實是100%「正確」的說明。

但如果這位自信滿滿回答「四十公里！」的朋友毫無理解能力，立刻就會拋出以下疑問：

「我好像有聽懂了啦……但我還是不知道為什麼不是四十公里。」

雖然如此說，因為這次的題目是「有正確解答」的數學問題，如此說明便得以成立。

用一句「因為套用距離、速度和時間的公式啊」，或者極端點直接說「沒有理由就是這樣啦」也沒問題。

只不過，對無法理解的人來說，這種說明相當不貼心。

此時只要運用某個方法，就能提升對方理解的機率。

那就是**B〇條件（讀法：B圈條件）**。

簡單來說，B〇條件就是「寫出要讓B方案（對方的主張）為〇（成立）的條件（b），接著在否定（a）這個條件之後引導出A方案（自己的主張），一種議論以及說服的手法」。

B〇條件

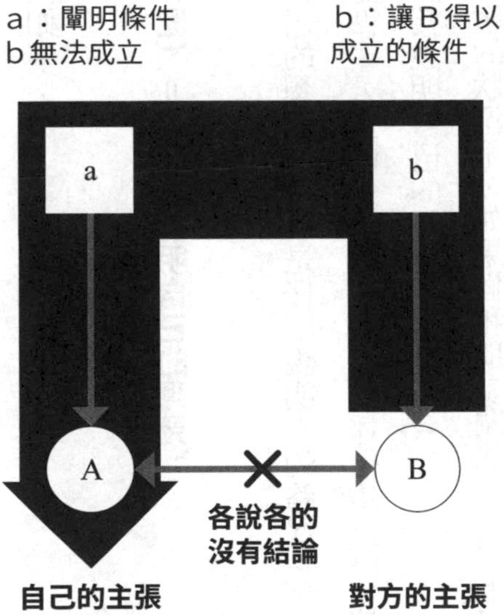

這張圖是掌握B〇條件的關鍵。

把這張圖拍下來，從今天起只要三天就好，請把這張圖設為你的手機桌布。

如此一來就能改變你的思考。

行動也會隨之改變。

待會兒你就會知道這張圖的意義。

那麼，請邊聽我解說「說服認為是四十公里的人」，邊感受我深愛的「B◯條件」吧。

當自己和對方的意見相左，你想要說服對方時有兩條路徑。

也可稱為兩個思考路徑。

第一條一般路徑如下：

A◯（讀法：A圈）＝「仔細說明自己的意見」

這是直接說明自己的想法，也就是仔細說明A的路徑。

剛剛對「認為是四十公里的人」的說明就是採行這條路徑。

用正確的論調直接說明自己的想法。

這條路徑在大多數的狀況下，如果你和朋友關係親密宛如男女朋友，他可能會抱著「我努力想要理解」的心情聽你說到最後，但大多數的人聽不下去。

因為對方肯定這樣想：

「什麼啦，雖然他說的話很正確，但我就是聽不懂啊，完全聽不進去。」

這也在情理之中。

因為他在「聽」你說明時，他還深信自己的答案是正確的。

連「有解答」的數學問題這類問題也常發生這種狀況，更別說「無解」賽局了，對方更不可能靜心聽你說明。

「這只是你的意見吧，我的意見和你不同。」

對方應該會這麼說。

如此一來只是兩條平行線。

你和對方的意見永遠沒有交集。

就像這樣，想用「A○」說服還不夠充分。

這方法只能在有壓倒性的信賴以及壓倒性的權力差距中發揮效果。

如此一來，在「無解」賽局中甚至走不到議論這一步。

還有另一條不好的說服路徑。

社會中的「批判」就是源自於這個說服路徑。

B╳（讀法：B叉）＝「直接否定對方的意見」。

人在說服他人之時，容易從「直接否定對方的意見」開頭。大家身邊也有這種人吧，劈頭就以單純否定、批判對方的意見、點子開頭的人。

用這次說服「認為是四十公里的人」為例來說，如以下：

朋友：「算出來了嗎？當然是四十公里對吧，這很簡單啊。」

你：「不對不對，你錯了啦。你是把六十公里和二十公里相加之後除以二吧，哎呀～這完全錯誤耶。」

用否定開頭，否定到最後。

毫不留情「否定」對方的意見。

因為這題是有「解答」的數學問題，跟剛剛一樣，只要和對方有壓倒性的信賴關係或權力差距，這種做法就能行得通。

因為你沒有錯嘛。

但如果你在「無解」賽局中說出這種「完全否定」的發言，會發展成「那只是你的意見吧」，根本無從議論起。

不僅如此，還會提升「批判」的風險。

這可不行，因為各位已經站上「無解賽局」的戰場了啊。

那麼該怎麼辦才好呢？

A○和B╳都行不通，此時便輪到救世主登場。

B〇條件＝「提出要讓B（對方的意見）為〇（成立）的條件（b），接著否定這個條件（a）」

首先我們就用「B〇條件」來說服「認為是四十公里的人」。

朋友：「算出來了嗎？當然是四十公里對吧，這很簡單啊。（朋友的意見B）」

你：「原來如此、原來如此。如果往返都花費了『相同時間』（B為〇的條件b），（六十公里＋二十公里）÷二的算式是對的，但這題的陷阱就在這邊。雖然距離相同，但所花費的時間不同（表達出條件b不成立的a）。」

就像這樣，先提出對方答案成立所需的條件（b），接著表達因為這個條件不成立所以是錯的（a）。

這就是我希望大家透過本章學會的議論方法，B〇條件。

無解賽局中的思考路徑，就應該走這條道路。

並非A〇也並非B╳，B〇才是引導出優質議論的關鍵，請大家務必記住。

【B〇條件的規則】

①如果讓A（自己的意見）和B（對方的意見）正面衝突議論，這在「無解賽局」當中只會發展成各說各話找不出結論的狀況。

②所以不可以直接否定B（對方的意見），直接否定對方意見的瞬間即進入沒有結論的論戰。

③所以要先提出讓B（對方的意見）為〇（成立）的「條件（b）」，接著否定這個「條件」（a）。

簡而言之，並非讓彼此的「答案」互相衝撞（A VS B），而是利用「條件」議論（A〇條件 VS B〇條件），使其走向「有解」賽局。

就是以上這回事。

這就是第三章的主題「B○條件」。

但想要寫出「B○條件」的核心「B為○的條件」，需要熟悉方能生巧。

在此需要背下來的就是以下的圖和「句構」。

如果是○○○，你的意見就正確。

但這次不是○○○，所以你的意見不正確。

首先把這個背下來。

接著一臉得意地拿剛才那題數學題問別人，如果對方中了陷阱，就用B○條件說服對方。

像這樣實際運用才是學好技術的捷徑。

B○條件

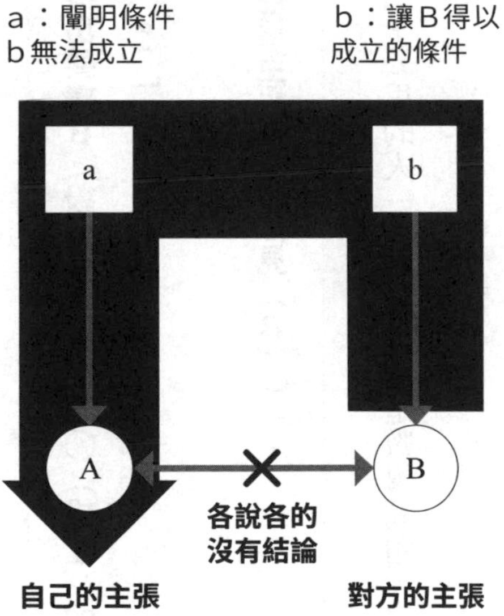

3-2

「公務員VS音樂人」

習慣B○條件的時間「避免女兒和男友私奔的方法」

B○條件＝「提出要讓B（對方的意見）為○（成立）的條件（b），接著否定這個條件（a）」

＋

「絕對不可以直接否定對方的意見（B）」

說服「認為是四十公里的人」時，因為那是數學問題，完全屬於「有解賽局」。

接下來我想要帶領大家習慣在「無解賽局」中使用B○條件。

事不宜遲，立刻出題吧。

【公務員 VS 音樂人問題】

時代為昭和時代，你是父親（母親）。
女兒向你坦承她想要和「音樂人男友」結婚。
而你無論如何都想要讓女兒和「公務員」結婚。
請你試著說服女兒放棄和音樂人結婚，且同時建議她和公務員結婚。

那麼，接下來活用「B〇條件」，寫出句構文吧。
順帶一提，如果要將B〇條件表現得更具實用性（明快且具體），可以寫成以下句構：

如果狀況為〇〇〇，那我贊成你的意見。
但這一次並非〇〇〇，所以我反對。

你可以試著套用這個句構。

那麼，將其運用在「公務員VS音樂人問題」之後，會變成以下句子。

如果狀況為〇〇〇，那我贊成妳和音樂人結婚，但這次並非〇〇〇，所以我反對。

請大家回想起我方才要大家背下來的「圖和規則」。

【B〇條件的規則】

①如果讓A（自己的意見）和B（對方的意見）正面衝突議論，這在「無解賽局」當中只會發展成各說各話找不出結論的狀況。

②所以不可以直接否定B（對方的意見），直接否定對方意見的瞬間，即進入沒有結論的論戰。

③所以要先提出讓B（對方的意見）為○（成立）的「條件（b）」，
接著否定這個「條件」（a）。

我邊介紹過去學生們在我面前說出的「模範錯誤答案」給大家，邊替大家建立「B○條件」的思考路徑。

【錯誤答案一】

如果「那個音樂人已經出名賺大錢了」，那我贊成妳和音樂人結婚，但並非如此吧。

好的。

這答案一說出口，保證你女兒立刻和男友私奔。

這正可謂為「昭和時代的反駁！」B×中的B×。

牴觸最重要的規則「不可以直接碰觸B（對方的意見），也不可以否定」。

這麼做便無法只議論「條件」，因而發展成各說各話沒有結論的論戰。

媽媽是為了「錢」才選擇爸爸的嗎？

爸爸是我們家的ＡＴＭ嗎？我才不是這樣，我是因為喜歡他。

你的女兒應該會拋下這類臺詞然後離家出走吧。

爸爸也莫名其妙遭殃受重傷。

B〇條件最大鐵則就是**「不可以直接碰觸Ｂ（對方的意見），也不可以否定」**。

【錯誤答案二】

如果「妳願意過著為經濟煩惱的生活也無所謂」，那我贊成妳和音樂人結婚，但並非如此吧。

這也是完全直接碰觸「B（對方的意見）」呢。

那麼，我們到底該怎麼寫出「B為○的條件」呢？

從這次的例題與錯誤答案中可以感受到，問題的焦點明顯在「經濟」上面。從雙親來看，要把寶貝女兒交出去，對方「沒有安定收入，也不知道將來有什麼發展」的狀態，是這個問題最大的爭論點。

所以說，得要巧妙地提出一個可以明確傳達出這一點的條件。

如果用「音樂人」或「妳」等當事人當主詞，此時大多都會變成帶「否定」的句子。

但反過來說，如果只是一逕意識「不可以否定」，就可能變成**「如果『妳喜歡音樂』那我就贊成妳和音樂人結婚，但不是這樣吧。」**

最重要的「建議女兒和公務員結婚」也消失得無影無蹤，極可能迎接「對，我非常喜歡音樂，所以請讓我和音樂人結婚」的結果。

說起為什麼如此困難，**全因為「半邊身」的關係**。

我再重複說一次。

因為「半邊身」的關係。

「半邊身」＝試圖在把重心放在A○上面的情況下提出B○條件。

如此一來，怎樣都只能提出半吊子「B為○的條件」，所以切換思緒，以零為基礎來思考相當重要。

怎樣的小孩（女兒）會讓你建議她和音樂人而非公務員結婚呢？

並非A○也非B×，請排除一切試著思考B○。

我出這一題時，最一開始思考「怎樣的小孩（女兒）會讓你建議她和音樂人而非公務員結婚呢？」時，腦海中浮現了在電影《穿著PRADA的惡魔》中，由梅莉．史翠普（Meryl Streep）飾演的時尚雜誌主編米蘭達。

如果是不只超能幹，甚至君臨時尚界的米蘭達，完全無法想像她和公務員結婚的樣子。

她的收入應該也很高，即使對象是不紅的音樂人也不愁吃穿吧。

於是最大的爭論點「經濟問題」在此解決。

如果「妳打算要當個職場女強人」，那我贊成妳和音樂人結婚，但並非如此吧。

這就是B○條件的思路。

既沒有否定「B○＝與音樂人結婚」，也容易進一步達到「A○＝建議她和公務員結婚」的目的。

如果「妳想過的生活不需要孩子存在」，那我贊成妳和音樂人結婚，但並非如此吧。

這就不行。

「我不是為了生小孩而結婚！」或「就算不生小孩也沒有問題！」以口還口的結果只會讓爭論越演越烈，結果還是回到各說各話沒有結論的論戰。

我想大家應該隱約有感覺了，「無解賽局」依附在價值觀上的案例非常多。

所以當然也會有人對我舉出的例子感到「這我無法接受」，理所當然會有人出現這種想法。

因為每個人的價值觀都不同。

放在工作上也相同。

每個人都有自己的工作經驗以及從經驗中延伸出的思考方法，當然也會受到價值觀左右。

所以如果不能做出最大考量之後再提意見，就沒辦法創造良性的議論。

不能隨隨便便，毫不在乎地直接碰觸對方的價值觀。

我希望大家透過「認為是四十公里的人」以及「公務員VS音樂人問題」，

感受、磨練的感性以及思考路徑就濃縮在此。

對方的意見，在怎樣的場合、條件、狀況中，會「對自己而言也是」○（圈圈）呢？

請把這句話背下來並且當作口頭禪。

只要養成「自問」這句話的習慣，自然而然可以提出「B○條件」了。

今天請千萬務必大喊一次。

大喊「對方的意見，在怎樣的場合、條件、狀況中，會『對自己而言也是』○（圈圈）呢？」

3-3 支持「B〇條件」的思考基礎
「化惱為鳥理論」、「合理思考」

「B〇條件」是說服、談判的技術，是種思考技巧。
其背景有兩個我相當重視的思考。
請讓我稍微提一下，這和我在前著《變化的技術，思考的技術》中所寫的內容有所關聯。

議論不可或缺的「化惱爲鳥理論」

這和我們原本的主題相關，「議論」這件事情本身除了帶來壓力之外別無其他。

再加上如果自己和對方的意見相左，甚至超越壓力會讓人煩躁不堪。

總之，首先得要放鬆參加才行。

只要情緒保持平靜，就能提出具有創造性的B○條件。

在此登場的就是**化惱為鳥理論**。

很簡單。

當你感到煩躁時別大喊「超惱人的」，而是將惱換成鳥，然後大喊「超鳥人的」。

你就當作被騙，試著喊喊看。

那個瞬間會釋放出所有憤怒能量，讓心情變得平靜。

「超鳥」對女性來說可能有點難以喊出口，所以也可以把惱換成撩，請試著大喊「超撩人的」（已經經過實證）。

相當不可思議的，不僅怒火全消，還能對對方產生「愛與想像力」呢。

合理思考

更進一步的思考技術為**合理思考**。

特別是當你聽到上司或客戶說出，讓你覺得「啊？現在是在說什麼鬼話啊？」抓不到對方意圖時，可以啟動這個思考技術。

舉例來說，昨天之前還喊著「實施可以提升單價的政策！」的上司，今天突然喊出「比起單價先重視銷量，實施可以提升銷量的政策！」兩個指示完全相反。

在你反射性脫口「啊？現在是在說什麼鬼話啊？」之前，我希望你先小聲說：

該怎麼思考，才能讓這件事情變得合理呢？

接著開始思考。

或許上司昨晚和社長聚餐時，社長對他說了「提升單價這方法不好，要立刻提升銷量」了吧？

如此思索其合理性之後，接著笑容滿面地問上司：**「這和昨天的指示完全相反，是受到什麼啟發而讓思考產生進化了嗎？」**

這就是合理思考，同時也是「B○條件」的原點。

合理思考為「概念」，而B○條件是將其「化作技能之物」，就是這種感覺。

能如何巧妙運用「合理思考」，也影響在實際談判與議論中B○條件的精準度。

3-4 從「諮商的傾聽者」開始練習B〇條件

擅長議論者擅長傾聽

B〇條件是個要在「議論」、「說服」中使用得淋漓盡致的思考技術，不僅在說服的「主導性」場面中，在「被動性」場面，也就是身為諮商的傾聽者時也能派上用場。

說服與諮商傾聽明確不同。

- 說服＝有自己的意見，立場明確
- 諮商傾聽者＝沒有自己的意見，也沒有明確立場具體來說就是有沒有明確立場的差異。

舉例來說，如果有人詢問拙作《變化的技術，思考的技術》與《費米估算技術》要先讀哪一本比較好，運用B○條件後可以提出以下答案：

如果「想要先學習專業人士的精神論」（○）那就先讀《變化的技術，思考的技術》，如果非前述而是「想要先學習思考技術」（○）那就先讀《費米估算技術》。

對方要選讀哪本書，根據對方所處的狀況而異，所以你只需要提示狀況就好，沒有必要擺出「絕對先讀這本比較好」的立場。

另外，大家應該都有經驗，雖然是對方找人商量，但讓你感覺「你自己心中早已決定好答案了對吧？」

沒有錯。

找人商量的人大抵在自己心中已經八成有答案了。

因為不會有人在五五波時找人商量。

所以說，如果你用上述的方法說話，對方自然而然會感覺你推了他一把。

B○條件用在「說服」時要有明確立場，得把「條件」變更成讓自己的意見容易獲得認同的內容，但用在「諮商傾聽者」時，因為不需要有明確立場，所以也較容易寫出條件。

也就是說，**想要練習「B○條件」，就可以從「諮商傾聽者」的B○條件開始練習起**，請大家記起來。

3-5

「B○條件」與戰略思考異曲同工①

美式足球孩童免費入場的問題

至此為了讓大家熟悉「B○條件」，我選擇較平易近人的問題來傳授技巧給大家。

從現在開始，我將要展現「B○條件」在工作場合上如何使用。

這次的主題是**「美式足球」**。

說起美式足球，是美國熱門運動之一。

我將來有天也想去看頂級賽事的「超級盃」比賽。

那麼，我想要拿美式足球來出題。

【孩童免費入場　贊成VS反對】

「以前真的是美好時代，好想回到那個時代，想時光倒轉。」

一臉奇怪表情闡述這段話的人，是名門「舊金山四九人」的球團總經理凱文。

問他「你今天在煩惱什麼事情嗎？」之後，他開始侃侃而談：

「我想你應該知道，現在和票房好的時期相比，入場人數銳減至一半。我們得要增加入場人數，提升我們的營業額才行。所以我有個想法，我想要實施『**孩童免費入場**』政策，你贊成嗎？還是反對？」

即使心裡想著「原來如此啊，這當然是反對啊。」仍回答「我稍微思考一下。」之後結束這天的會議。

你是美式足球名門「舊金山四九人」球團總經理凱文的諮商顧問。
凱文為了想要提升營業額，提出「孩童免費入場」的意見，而你「反對」。
請你從現在開始，說服凱文改變他的意見。

因為要使用「B〇條件」，所以可以套用這個句構。

如果〇〇〇，那我贊成孩童免費入場，但並非如此對吧，所以我反對。

那麼，大家也請試著思考看看。

首先，不先明確理解總經理凱文的目的，就沒辦法進入「說服」及「B〇條件」的領域中，我們先釐清這一點吧。

首先先思考**「為什麼凱文會認為孩童免費入場是個好方法呢？」**

凱文這次的目的是「提升入場人數以期增加營收」，並非「想增加孩童觀賞美式足球賽事的機會」，單純只是為了賺錢。

那麼就需要仔細分析凱文「為什麼認為讓孩童免費入場，就能提升入場人數且增加營收？」

首先，可以想到以下理由。

「用孩童為餌吸引大人。」

因為孩童無法單獨來到會場，肯定會有大人陪同。

他打著「即使孩童免費，也可以賺到大人的門票費」的打算。

再加上只要有人入場，就有銷售啤酒、熱狗、爆米花的機會，離場時還可能會被孩子央求買原子筆、鑰匙圈等周邊商品。

可以想見凱文大概有這樣的盤算。

只要有這層理解就能運用「B〇條件」。

此時，用以下這樣的句子為起點即可。

如果「孩童免費入場之後，『願意掏錢』的大人會陪同孩童前來」，那我就贊成孩童免費入場，但並非如此對吧，所以我反對。

這是最為直接的說法。

但總經理凱文聽到這種說法後，可能會以「會來，會來啦，我覺得一定會來。」結束此議題，所以我們需要提升解析度加以議論才行。

順帶一提，「提升解析度思考事物」也稱為**現實開關**（Reality Switch）。

那麼，按下現實開關之後會怎樣呢？

由此開始思考「怎樣的家庭會在實施『孩童免費入場』之後前來觀賽？」

舉例來說，會因為「孩童免費入場」而來觀賽的人，是**「有小學五年級左右的孩子，且喜歡美式足球的爸爸」**，請用這種感覺開始思考。

好的，這個孩童免費入場的政策對「有小學五年級左右的孩子，且喜歡美式足球的爸爸」有效果嗎？

讓我更進一步深思，「有小學五年級左右的孩子，且喜歡美式足球的爸爸」，**不管孩童是否免費入場，前來觀賽的可能性都非常高**。

如此一想，這個政策就會損失了平常總是付費入場的孩童門票收入。

這樣反而減少了孩童的份。

也就是說，我們需要再更加明確想像「怎樣的家庭會因為這個政策實施，而來到現場觀賽呢？」

舉例來說，**如果孩童門票要花三千圓、六千圓可能不會去，但孩童「免費」之後就願意帶孩子去的家庭**，這個假設如何呢？

接下來，按下現實開關後進一步思考。

假設美式足球的門票價格為成人六千圓，孩童三千圓（實際上從這邊開始的議論，不管成人、孩童的門票價格相同或是更便宜，都不會造成影響）。

為了可以具體思考，我們將家庭的父親命名為「約翰」。

「孩童免費」之前

約翰：六千圓

太郎：三千圓

合計：九千圓

「孩童免費」之後

約翰：六千圓

太郎：零圓

合計：六千圓

此時會冒出「『合計九千圓』時不會進場觀戰的家庭，真的會因為孩童免費後合計為六千圓時進場觀戰嗎？」的疑問。

話說回來，只要不到現場觀賽就不需要花錢。
就算減少了三千圓變成六千圓，真的能吸引這些人到場嗎？
不覺得好像有點不上不下嗎？
直白點說，**會因為「三千圓」改變行動嗎？**

那麼，以下這種狀況又如何呢？

「孩童免費」之前

約翰：六千圓
太郎：三千圓
次郎：三千圓
三郎：三千圓
合計：一萬五千圓

「孩童免費」之後

約翰：六千圓
太郎：零圓
次郎：零圓
三郎：零圓
合計：六千圓

大人加三個小孩合計「一萬五千圓」時不會進場觀賽，但只需一張成人票，總額不到半價的六千圓時，就會讓人想去了呢。

接著在此，回想起B〇條件的「那個」說法就可以了。

如果舊金山四九人隊做為主場的地區，「小孩三人以上的家庭」占有一定以上比例甚至過半，那我贊成孩童免費，但並非如此對吧，所以我反對。

藉由這種說法，將「是否該開放孩童免費入場？」的無解賽局，轉變為「舊金山的『家庭成員組成』為何？」的有解賽局了（這幾行內容真的超級無敵性感）。

這就是面對「無解賽局」的氣魄。

除了這一個「Ｂ為○（圈）的條件」之外，也可提出其他Ｂ○，請容我接續介紹。

剛剛提出的「Ｂ○條件」的前提是「以孩童為餌吸引大人入場」，**但總而言之就算只有孩童，只要有人來就好了。只要孩童願意來，等他們長大成人之後也會來，還會成為球迷**。凱文總經理或許會主張**「這是對未來的投資」**呢。

無論如何你的任務是「反對」，所以也把這用Ｂ○條件來說明「這想法也行不通！」就會變成以下內容：

如果舊金山四九人隊做為主場的地區，「有跟東京不相上下的電車交通網」，那我贊成孩童免費，但並非如此對吧，所以我反對。

美國是開車文化加上從治安的觀點上來看，「孩童單獨行動的範圍」受到限制。

以此做為條件，指出對方的想法不好。

這就是運用在工作上的B〇條件。

【B〇條件的規則】

①如果讓A（自己的意見）和B（對方的意見）正面衝突議論，這在「無解賽局」當中只會發展成各說各話找不出結論的狀況。

②所以不可以直接否定B（對方的意見），直接否定對方意見的瞬間，

即進入沒有結論的論戰。

③所以要先提出讓B（對方的意見）為○（成立）的「條件（b）」，

接著否定這個「條件」（a）。

以上我們再次重溫B○條件的規則，這次提出的例子也遵循這個規則呢。

即使沒辦法提出性感的「B為○的條件」，

①別在「孩童是否免費」這點上議論，因為會成為沒有結論的論戰。

②摸索「怎樣的條件就能贊成」。

以上兩點很重要。

3-6

「B〇條件」與戰略思考異曲同工②

開一家「平價、高效率」的咖啡廳

接下來是B〇條件的最後一題。

【反對開設平價、高效率的咖啡廳】

「我想開一家平價、高效率的咖啡廳，你認為如何？」天真無邪說出這句話的人，是中型咖啡廳的社長齋藤先生。

你問：「那是指百圓咖啡那類的咖啡廳嗎？」

一問完，齋藤先生立刻眼睛閃閃發亮地說：

「你真敏銳，我從很早以前就有這種想法，超商咖啡也流行起來，咖啡變得相當平易近人。所以我想要開一家比超商咖啡好喝，但價格相差不遠的**平價、高效率的咖啡廳**。你覺得怎樣？贊成還是反對？」

你回答「我稍微思考一下。」後結束這天的會談，但你持反對立場。請使用B〇條件來說服齋藤社長。

社長其實是相當麻煩的生物。

大家也都明白吧。

話一說出口就不聽他人意見。

B〇條件用在對等的立場上效果當然無庸置疑，且與壓倒性「高地位」的人議論時也能發揮其效用。

如果直接否定「位高權重者」的意見，別說論戰，還會發生更嚴重的事情。

但只要運用B○條件，就能極力避免這件事發生。

在思考B○條件前，也為了讓大家容易按下現實開關，請讓我告訴大家追加的資訊。

【追加資訊】

即使手頭空空也可能運用B○條件說服對方，但你又稍微市調了之後得到以下資訊。

在咖啡廳市場的成長率停滯的情況中，星巴克等大型連鎖店卻有所成長。在這之中，7-ELEVEN 等超商正式販賣咖啡已久，現在所有店鋪的平價咖啡熱賣中。

即使不特別調查也明白，實際上也從可觀察到的數字明確看出此一潮流。

接著順勢調查了齋藤先生所經營的中型咖啡廳後，得知以下三點：

①主力商品為三百圓咖啡，不怎麼認真經營副餐商品。
②店鋪空位率大約為五成，幾乎不曾客滿。
③近五年已經清算完「虧損店鋪」。

你對這家公司的評價為**「普通」**。

好的，沒大家想像的困難喔。
「B為〇的條件」到底是什麼呢？

首先先舉「模範錯誤答案」給大家看吧。
請你把自己當作「被說服」的社長來看這段話。

【錯誤答案一】

如果「現在的咖啡廳是每天高朋滿座的人氣名店，或者是翻桌率高的咖啡廳」，那我贊成你開設「平價、高效率的咖啡廳」，但並非如此對吧，所以我反對。

但這種說法立刻會引來社長反駁：

不對，那是在講「現在」的咖啡廳吧？你有聽我說話嗎？我要開的是「和現在不同」，新型態「平價、高效率」的咖啡廳耶。

社長應該邊說邊這樣想：「你根本看不到我想要創造的世界。」

接著照這樣下去，社長將會投入超級無敵糟糕的咖啡廳戰爭中。

【錯誤答案二】

如果「新咖啡廳全年無休且保證滿座」，那我就贊成你開「平價、高效率的咖啡廳」，但並非如此對吧，所以我反對。

這也不值得一論。

沒做過怎麼會知道，不去做就不知道，所以我要當個挑戰者。

沒有錯。

大家應該都有實際經驗吧。

希望位高權重者修正方向而說出口的「一句話」，反而讓他朝不好的方向直行。

這就是典型事例。

那麼，我接著說明到底該怎樣才能提出讓社長認同的「B為〇的條件」，關鍵字就是**「欲速則不達」**。

首先，將社長想要開的「平價、高效率咖啡廳」的意象釐清得更加清晰吧。

按下現實開關。

- 即使無法將價格壓低到超商等級的「一百~一百五十圓」，但和自家現有的「三百圓」或星巴克的「四百圓」在價格上做出區別，以「兩百圓」的咖啡為主要商品。
- 平價也就是「薄利多銷」，所以包含外帶在內，希望創造出如「流水線」般不停賣出咖啡的咖啡廳。

似乎會是這種感覺呢。

為了更容易閱讀，接下來我將簡稱為「平價咖啡廳」。

那麼，「平價咖啡廳」需要哪些要件才有辦法成功呢？

我們需要先思考這個問題。

①口味

咖啡本身的口味會決定成敗嗎？

如果目標客群中有許多人不僅理解咖啡豆的差異，連烘焙深度與沖泡方法的不同也能品味出來，那「口味」無庸置疑會成為成敗關鍵。

但考量「平價」這點之後，再怎樣都無法如此苛求口味的品質。

舉例來說，用超商咖啡來比較，就算認為 7-ELEVEN 的咖啡比較好喝，應該也很少人會捨棄徒步十五秒的全家超商，專程走去步行十分鐘以外的 7-ELEVEN 買咖啡吧。

②待客

第二個的「待客」又如何呢？

如果要拿飯店大廳咖啡廳的感覺來開咖啡廳，「待客」品質便會成為不可或缺的要素，但考量「平價」這點後，就無所謂了呢。

③供餐速度

如果「供餐速度」無比快速的話又如何呢？

但話說回來，如果是提供需要耗時的商品，「只需要他店一半時間」或許可以做出與他者的差異性，但要是咖啡在哪家店都只要「等個一分鐘」，這也沒太大關係了呢。

④價格

這次從一開始就已經決定一杯兩百圓上下的「平價」。

但話說回來，如果要以這價格決勝負，想更便宜也有極限。

而且已經很便宜了，這有沒有辦法成為決定性差異，也有點難以判定。

正如以上，你做出「『口味』、『待客』、『供餐速度』、『價格』沒有辦法成為『平價咖啡廳』成功的要素」的結論。

那麼，什麼才是成敗的關鍵呢？

「地點」。

總是有新客來訪，就能接連賣出一杯又一杯咖啡。

不追求回頭客，總之吸引新客、新客又是新客上門，讓隱約感覺「有點想喝咖啡耶」、「口渴了耶」的顧客，不需要深思就來外帶或是在店內迅速喝完後離去。

有沒有辦法把店開在這種地方，就是能否成功的最大重點。

所以「Ｂ〇條件」的起點會變成以下：

如果「你有店開在宛如澀谷全向交叉路口的星巴克那樣絕佳地點上」，那我贊成你開「平價、高效率的咖啡廳」，但並非如此對吧，所以我反對。

但如此一來，會變成只是「現有咖啡廳」的店鋪沒滿足此條件，社長可能回以「只要租新店鋪就好」這無比糟糕的回應。

所以說，我們要把這個內容加以進化。

如果你有「和 7-ELEVEN 這類早已擅長在『地點』決勝負的企業相比，擁有租借店鋪的豐潤資金，還有能迅速告知你絕佳地點的空店鋪消息的資訊網，以及品牌有一定的社會信賴」，那我贊成你開「平價、高效率的咖啡廳」，但並非如此對吧，所以我反對。

「社長營造起來的咖啡廳，讓大家沒有壓力的溫暖空間是最大的魅力，也是價值源頭。別用靠地點的『膚淺』決勝，反而要朝向讓顧客可以感受出高品質附加價值的方向思考。如果您堅持開創新事業，就應該以高單價商品為目標。」

可以用以上這種感覺說服社長。

這就是「無解賽局」的議論方法，也是絕對不可或缺的議論條理。

3-7 掌握「B○條件」的唯一方法

「改變」反射神經

最後要講的可說是「心態」，想要將B○條件徹底烙印進腦海中，就只能將它轉變為自己的思考習慣。

不管議論還是接受他人諮商時，我想你應該都是立刻回答**「我認為這樣！我認為是這個！」**吧。

這雖然也很重要，但在學習B○條件這崇高思考技術的階段中，這不是件好事。

所以說，在你完全掌握B○條件之前，當你參與議論或是有人找你商討事情時，請你改變成以下反應：

如果「因為〇〇的條件而╳╳」我就贊成，
但如果並非如此我就反對。
那麼，實際上如何呢？

結果，想要掌握一個思考技術，像這樣腳踏實地養出習慣才最有效果。只要一週時間就能養成習慣，所以請務必嘗試看看。

「B〇條件」的解說也在此畫下句點。

最後「結尾」說句話。

「無解」的時代來臨。
如果無法稱霸無解賽局，我們就無法擁有安穩舒適的生活。

如果你是「阿拉伯石油大王」那類，在明確的上下關係中身處「上位」

的人，那就不需要這麻煩透頂的「B〇條件」。

但我想在閱讀本書的讀者中，三人中至少會有兩個人沒有這等身分地位，所以我們一起學習吧。

其實我偷偷地在本書的各個角落都活用「B〇條件」設下了加深大家理解的小機關。

如果你能在不知不覺中偷偷使用B〇條件就是最佳狀態。

我想要開咖啡廳當作我的新事業。
雀躍
雀躍
社長
在奧多摩那附近開古民家咖啡廳。
古民家咖啡廳已經太落伍了，而且也很競爭！放棄吧!!
NO
接著社長勃然大怒……
什麼!? 一點也不落伍!!
只要把古民家稍微改裝一下就好了耶!?
糟了～
啊……這一點也不心平氣和呢。
正面否定是最糟的方法～
使用B○條件時絕對不可以碰觸對方的價值觀。
是奧多摩的古民家咖啡喔
…

奧多摩的古民家咖啡廳聽起來好棒！如果社長認為只在你這一代成功就好了，那我贊成，但若非如此我就反對吧～實際上你認為如何呢？
放棄
Ⓐ
← 奧多摩古民家咖啡廳 Ⓑ
驚醒
我忘記最重要的事情了……！
喔，社長回想起他的願景是要創造可以世代傳承的事業了！

第四章

賽局&賽局

領會思考程序、解決問題程序

「無解賽局」無法如同數學及猜謎般「對答案」。

沒辦法當場給出「正確答案，所以這個工作在此告一段落」或「答錯了，所以重新思考吧」。

……對閱讀至此的讀者來說，應該不用我多說也明白吧。但我想要不厭其煩地反覆重申這件事情，所以也寫在本章開頭。

【「無解賽局」的應戰方法】

①「程序要性感」＝透過性感程序得到的答案很性感

②「創造出兩個以上的選項後選擇」＝比較選項之後，選擇「較佳」的那一個

③「必定伴隨批判與議論」＝議論是最大的前提，有時沒有批判便無法收尾

要意識著這三點。

我希望你能擁有「只要得到答案的程序夠性感，從中得到的答案也會很性感」的心態。

所以在這一章中，我要利用賽局的感覺讓你學習這個程序。

無解賽局，你好。

有解賽局，再見。

4-1

賽局&賽局是什麼？

你能解開嗎？

在閱讀本章之前，我有件事要拜託你。

我接下來要出的題目，希望你別立刻翻到下一頁，花三十分鐘甚至一小時，花費再多時間也沒有關係，請自行努力解題，百般煩惱之後再閱讀解說。

光這樣做，就能讓閱讀本章的價值提升非常多。

那麼就讓我來出題吧。

【問題】請從以下的條件來猜想這個遊戲的規則。

①人數：2～7人

②遊戲年齡：7歲以上
③特徵一：充滿速度感且緊張刺激的家庭遊戲
④特徵二：有寫上1～9（各三張）、10（六張）、50（兩張）、-10（四張）、-1（兩張）、101（五張）的卡牌
⑤特徵三：有寫上PASS（四張）、TURN（四張）、SHOT（兩張）、DOUBLE（兩張）的卡牌

你有辦法從這些資訊中推敲出這是怎樣的遊戲嗎？知道規則之後，以「不知道這個遊戲的人聽了也能理解的說明」為目標來回答。

我把這個「思考程序」的訓練稱為**「賽局＆賽局」（＝思考「賽局」規則的「賽局」）**。

那麼，請思考看看吧。

「賽局&賽局」的意義——只要寫出「教科書」就「能改變」

那麼，至少思考三十分鐘以上了嗎？

思考的人，沒思考的人，都請再思考三十分鐘。

所以說，請翻回上一頁，多思考三十分鐘以後再接著閱讀下去。

……

歡迎回來。

進入解說之前，請讓我說明「賽局&賽局」的「使用方法、相處方法」，這是「賽局&賽局」的意義，或者該說價值。

請直接將我接下來解說的「賽局&賽局」的四步驟背下來，在你的腦袋中寫出思考程序的「教科書」。

以此為基礎，無論工作還是私生活中，當你思考時，特別是得要解決問題時請回想起這個「教科書」，希望大家隨時要確認「一定要從步驟一依序進行，是否跳過哪個步驟了呢？」

那麼，就讓我開始說明吧。

4-2

賽局&賽局的解說①

步驟一：建立論點

我假設這個遊戲的卡牌實際上就在大家面前來說明。

在實際的「講座」上，除了剛剛的問題外，我還會把「寫上1~9、10、50、-10、-1、101的卡牌」發給大家請大家思考，所以把這些在紙上寫下來會比較容易理解。

如此一來，一百個人之中會有九十九點五個人這樣做。

知道會做什麼嗎？

「把拿到的卡牌在桌子上擺開」。

這該說啟發甚深嗎，其實是個陷阱。

這是怎樣的卡牌遊戲呢？

1	2	3	4	5	6	7
8	9	10	50	▲10	▲1	101

我希望大家把卡牌擺開前先做一件事。

希望大家絕對要在思考事物時最先做，且非做不可的事情，那就是**「建立論點」**。

不能在沒建立論點的情況下進行作業

無論如何，先決要件便是最先得「建立論點」，儘管如此，幾乎所有人都沒任何想法地把卡牌擺出來。

即使擺出來，也因為沒有論點（＝目的）而不會有任何想法。

現在假設在實際的工作場面上需要調查某件事情。

假設，你的上司交給你要調查我所營運的

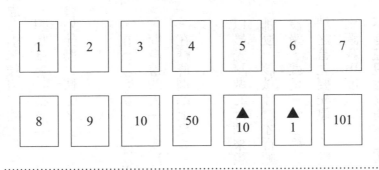

《思考引擎頻道》的工作。

因為寫著「頻道」，大概可以察覺是 YouTube 頻道之類的東西，但你最先會做什麼事情呢？

- 在社群網站上發表「聽過《思考引擎頻道》的人，請告訴我」的文章。
- 問身邊的人「有聽過《思考引擎頻道》嗎？」
- 在 Google 的搜尋欄位中打上《思考引擎頻道》。

以最先該做的行動來說，以上全都錯了。

那麼，該做什麼才行呢？

沒錯，就是「建立論點」。

總之首先要先建立論點！

請讓我再度重申。

不能在沒建立論點的情況下進行作業。

針對「調查《思考引擎頻道》」此一工作的論點，你要先**思考「理解了哪些事情才能說你對《思考引擎頻道》有所理解了呢？」**

另外，論點有**「大論點＝X」**和**「為了解決X所需的輔助論點＝Y」**。

那我們回到問題上。

為了告訴上司「大論點X＝《思考引擎頻道》是什麼？」要找出必要的輔助論點（Y）。

Y1）《思考引擎頻道》發表怎樣的內容呢？

Y2）《思考引擎頻道》更新影片的頻率是怎樣呢？

Y3）話說回來，《思考引擎頻道》是由誰更新影片，這個人有怎樣的經歷及職歷呢？

Y4）有其他 YouTube 頻道發表與《思考引擎頻道》類似的內容嗎？

Y5）《思考引擎頻道》發表的影片當中，點閱數最高的前三名是怎樣的內容呢？

就像這樣，具體將「想知道的事情＝建立論點（建立輔助論點）」寫出來後，就能直接尋找真正想要知道的內容了。

建立論點，這就是第一步驟。

「總之先開始工作」是批判的源頭

我們與「資訊」的距離一年比一年更近。

越來越容易找到想知道的資訊了。

當你想著「來查點事情吧」，只要開口問 Siri，幾乎都能得到答案。

就連打字也不需要了。

只不過，我們因為這類科技的進步，而容易掉入**「總之先開始工作」的**

陷阱當中。

我在二〇〇五到二〇一三年之間，在BCG（Boston Consulting Group，波士頓顧問公司）這家管理諮詢公司中當諮商顧問。

諮商顧問的工作簡單來說，就是**「調查」→「思考」→「輸出」**，所以我每天都要使出各種手段調查事情。

當時拯救我無數次的就是**國會圖書館**。

藏書量日本第一，日本出版的書籍幾乎全收藏其中的國會圖書館，也收藏了非常多冷門的業界資訊雜誌，它們不知道救了我多少次。

但和用Google搜尋不同，需要搭電車前往國會圖書館，尋找刊載自己所需內容的書籍或雜誌，接著當場影印下來（而且還不能自己自由影印，得拿到櫃檯去請圖書館員幫忙）。

所以說，如果抱著「總之先去再思考」會耗費太多時間。

去之前不停思考「想要調查什麼？」從「會刊載在哪類媒體上面？」到

「抵達國會圖書館之後，要按照怎樣的順序逛樓層呢？」全都得仔細考慮。

並非「總之就先去」，在那之前得先建立論點。

這真的相當重要。

我希望你能打從心底理解這個關鍵字。

「『總之先開始工作』是批判的源頭」。

首先，先建立論點吧。

我的前言說太長了，那我們就回到這次的「賽局&賽局」試著建立論點吧。

賽局&賽局的論點

把剛剛的問題寫成猜謎，重新整理這次的問題。

【問題】回答下列論點。如果想要簡單易懂地說明這個遊戲給完全不懂規則的人理解，要知道哪些事項比較好呢？請寫出（）中的答案。

論點X）這個遊戲是怎樣的遊戲？

Y1）（　　　）？

Y2）（　　　）？

Y3）（　　　）？

突然要你寫出來應該很困難，先思考類似的例子會比較容易懂。

舉例來說，像以下這樣的例子。

【問題】可謂為日本職業足球象徵的King Kazu，也就是三浦和良選手，為了要贈送大量足球而造訪某地。但這地區的小孩子完全沒聽過足球，看著

眼前眼睛閃閃發亮的孩子們，King Kazu 想要教導他們足球是怎樣的「遊戲」，那麼，King Kazu 會怎麼說呢？

論點X）足球是怎樣的遊戲呢？

Y1）（　　　　）？

Y2）（　　　　）？

Y3）（　　　　）？

這樣寫下來之後較容易思考，也容易想出論點。

我先把我的答案寫上來。

論點X）這個遊戲是怎樣的遊戲？

Y1）這個遊戲要怎樣決定勝負？
Y2）這個遊戲如何進行？
Y3）這個遊戲哪裡有趣？

特別是Y3讓我冒出「感覺會讓King Kazu熱烈談論呢」的想法。King Kazu肯定不會計較小細節，說著「首先別多想，請自由拿足球來玩吧。」便開始吧。

所以說，第一步驟是建立論點，請大家記住。

請直接與我要在本小節介紹的「例子」一起記下來。

「建立論點」補充①——敵人是誰!?這個遊戲的敵人是誰!?

到這邊都理解之後，直接進入步驟二也沒有問題，但請讓我針對「建立論點」再補充三點。

你也可以先跳過這邊直接進入步驟二，讀完全部之後再回過頭來看也沒有關係。

思考「這個遊戲是怎樣的遊戲？」時，我希望大家可以另外意識一件事。

那就是，**製作這個實際存在的卡牌遊戲開發者的心情**。

在為數眾多的卡牌遊戲當中，這個開發者想要創造出全新的遊戲。

不僅如此，既然要開發就需要能夠熱賣。

如此思考之後，便會追加一個重要的論點。

那就是，**Y4）家家戶戶都有一套，無法用撲克牌取代的點在哪裡？**

即使做出再有趣的遊戲，只要能用撲克牌取代，就不會有人購買這個卡牌遊戲，所以這點很重要。

如果能將這點也納入考量後再建立論點就太棒了。

論點X）這個遊戲是怎樣的遊戲？

Y1）這個遊戲要怎樣決定勝負？

Y2）這個遊戲如何進行？

Y3）這個遊戲哪裡有趣？

Y4）無法用撲克牌取代的點在哪？

「建立論點」補充②——MECE啊，再見，眞的再也不見。

有許多人對我最討厭的MECE（「相互獨立，完全窮盡」的意思，一般被拿來當作分析課題的手法）為之傾倒，這些人極可能說出「『Y1）這個遊戲要怎樣決定勝負？』是『Y2）這個遊戲如何進行？』內含的要素之一吧。」

但在此將兩者分開來有無比巨大的意義。

不管如何使用ＭＥＣＥ的方法，結構性地將Ｙ１併入Ｙ２之中，和將兩者分開的重要程度完全不同。

並非只是膚淺拿文字「粒度」結構化，而是得拿檢討時的「重要程度」來結構化才可以。

這一次，在反覆思考「這是怎樣的遊戲？」時，決定這個遊戲的並非規則細節，而是「分出勝負的方法」。

所以在步驟二之後，非得思考不可的事項為**「Ｙ１）這個遊戲要怎樣決定勝負？」**

所以才需要將兩者分開。

「建立論點」補充③—列出三點以上的事項時，要大喊「順序也有意義」

接著是最後一點補充。

Y1）這個遊戲要怎樣決定勝負？
Y2）這個遊戲如何進行？
Y3）這個遊戲哪裡有趣？
Y4）無法用撲克牌取代的點在哪？

不僅限於這個論點，如上超過三點並列時請注意順序。
「這邊列出了四點，這是依什麼排序呢？」
請你隨時抱持著討厭的上司會如此提問的恐懼感。
這次排序的意圖當然是以下這樣：

Y1）這個遊戲要怎樣決定勝負？

↓這最重要，當然擺第一。

Y2）這個遊戲如何進行？

↓確定Y1之後，該緊接著思考這一點，所以排第二。

接著，是「確認這個遊戲成品」的Y3和Y4。

Y3）這個遊戲哪裡有趣？

↓為了單純面對這個遊戲，所以排在第三。

Y4）無法用撲克牌取代的點在哪？

↓最後再加上「為了熱賣」的考量。

我可以做出如上說明。

建立論點時也得注意這些很重要。

那麼，「建立論點」就闡述至此。

我透過「思考引擎講座」這個講座，一年傳授五百人「論點思考」，所以一旦開始談論起這部分可會沒完沒了。

論點的世界相當深奧且有趣。

接下來完全是在宣傳，如果你想要在這世界更深入、更有趣地思考，請務必來參加「思考引擎講座」。

那麼，就讓我們進入步驟二吧。

4-3

賽局&賽局的解說②

步驟二：從事實中找到啟發

建立好非解不可的「疑問＝論點」後帶來的安心感無可取代。因為接下來只要健全地思考這個論點就可以了。

論點X）這個遊戲是怎樣的遊戲？

Y1）這個遊戲要怎樣決定勝負？

Y2）這個遊戲如何進行？

Y3）這個遊戲哪裡有趣？

Y4）無法用撲克牌取代的點在哪？

為了解開剛剛建立好的這些論點中最為重要的Y1和Y2，我們該關注題目提供的哪項特徵才好呢？

一開始在題目中已經提到遊戲特徵了呢。

【問題】請從以下的條件來猜想這個遊戲的規則。

①人數：2～7人

②遊戲年齡：7歲以上

③特徵一：充滿速度感且緊張刺激的家庭遊戲

④特徵二：有寫上1～9（各三張）、10（六張）、50（兩張）、-10（四張）、-1（兩張）、101（五張）的卡牌

⑤特徵三：有寫上PASS（四張）、TURN（四張）、SHOT（兩張）、DOUBLE（兩張）的卡牌

當然，只是呆呆盯著「題目提供的線索＝事實」也無法逼近核心。

步驟二便是「在此，我們該做些什麼呢？」

而這也是大家已經在本書第二章學過的技巧。

從事實中找出啟發

沒錯，步驟二就是「從事實中找出啟發」。

邊分析「提供的資訊＝事實」，邊針對非解開不可的**「Y1）這個遊戲要怎樣決定勝負？」**以及**「Y2）這個遊戲如何進行？」**找出啟發。

那接下來逐一以猜謎的形式來思考吧。

【第一題】各位正在思考這遊戲的「分出勝負的方法、規則」，請問可以從以下事實找出什麼啟發呢？

・遊戲年齡：7歲以上

好的，試著想像卡牌遊戲開發者的心情，其實應該根本不想加上「7歲以上」這個年齡限制吧。

正如限制級電影一般，限制了可以享受樂趣的族群，會連帶減少購買者。

我可以從「7歲以上」中聽見開發者痛苦的吶喊。

如此一來，可以如此思考。

並非6歲而是「7歲」（並非全年齡孩童，非得「超過7歲」不可）。

6歲孩童仍不適合，但「7歲」就沒問題，這代表著什麼意義呢？

第一個浮現的想法是「學齡」。

・6歲＝幼稚園大班

・7歲＝小學一年級

如此一來，可以得到以下啟發。

幼稚園大班的小朋友還不能玩，但小學一年級的「7歲」就能玩這個遊戲，也就是說這肯定是「會用上加、減法」的遊戲。

考量卡牌不是寫著「あいうえお」等平假名文字，而是「數字」這一點，這推論或許不是錯的呢。

如這般從事實中找出啟發後，就能讓此遊戲的輪廓逐漸變得清晰。

【第二題】各位正在思考這遊戲的「分出勝負的方法、規則」，請問可以從以下事實找出什麼啟發呢？

・有寫上TURN的卡牌

這可以立刻想到吧。

肯定跟「大老二」或「抽鬼牌」一樣，是「依序輪流的遊戲」。

【第三題】各位正在思考這遊戲的「分出勝負的方法、規則」，請問可以從以下事實找出什麼啟發呢？

・家庭遊戲

要從「家庭遊戲」中找出啟發相當困難。

此時如果提出**「這是款『家庭遊戲』，所以『不管大人還是小孩都能玩』準沒錯」**，這並非啟發，只是單純將事實換句話說。

這還思考得不夠充分。得更深入一步才行。

此時，我希望大家記住的思考技術，是我在步驟一中曾介紹過的**「思考類似例子」**。

就這次問題來說，請大家盡可能想出所有「家庭遊戲」以及「非家庭遊戲」，並列出來後找出「家庭遊戲的共通點」，接著從中找出啟發。

那麼，讓我們實際試試看吧。

・「人生遊戲」是家庭遊戲，但「地產大亨」不是。
・「抽鬼牌」是家庭遊戲，但「血腥大老二」不是。
・「ＵＮＯ」是家庭遊戲，但「撲克」不是。

此時舉出非卡牌遊戲也沒關係。

・「碰將」是家庭遊戲，但我最喜歡的「麻將」不是。

接著以這些為線索思考。

讓我重申一次，這邊的啟發可不是「這是款『家庭遊戲』，所以『不管大人還是小孩都能玩』準沒錯」喔。

提示是「怎樣的遊戲才能算『不管大人還是小孩都能玩』呢？」

只要解開這個問題就可以了。

「不管大人還是小孩都能玩」的「都能玩」是指什麼？

針對這點思考後，會得到**「小孩也能贏過大人。不管是誰，不管玩幾次，大家都有公平獲勝的機會」**的啟發。

我們剛剛舉出的家庭遊戲中，特別觀察「人生遊戲」和「抽鬼牌」之後，也可以發現一件事。

那就是，人生遊戲取決於骰子，抽鬼牌取決於直覺。

接著就能找出以下啟發。

因為是「家庭遊戲」，這遊戲的「運氣要素強烈」準沒錯。

這個啟發很性感對吧。

感覺只要照這方法進行下去，就能理解這個遊戲了呢。

【第四題】各位正在思考這遊戲的「分出勝負的方法、規則」，請問可以從以下事實找出什麼啟發呢？

・速度感

「速度感」這個特徵在卡牌遊戲中代表什麼意思呢？

到底什麼東西有速度感？

針對這點來思考。

這可以想出兩件事。

①「過程」充滿速度感

VS

② 「分出勝負」充滿速度感

特徵上寫了**「充滿速度感且緊張刺激的家庭遊戲」**。

從這一句話可以想到「過程」充滿速度感，或「分出勝負」充滿速度感兩種彼此相對的可能性。

可以把兩種可能的解釋留著，直接進入步驟三也沒問題，但我這次想要分析到一定程度之後再進入下一個步驟。

大家認為是哪個答案呢？

首先請先試著思考其理由。

事不宜遲，我的答案為②「分出勝負」充滿速度感。

現在就能活用我們剛剛為了找出「家庭遊戲」的啟發而思考過的事情。

小孩也能贏過大人。

不管是誰，不管玩幾次，大家都有公平獲勝的機會。

如此一來，如果速度感的解釋為①「過程」充滿速度感，這對孩童來說當然比較不利。

如文字所示，與撲克牌「Speed」遊戲相仿，遊戲內容本身要求「速度」時，正常思考孩童很難可以贏過大人。

這應該很容易理解吧。

所以說，我們繼續下去吧。

【第五題】各位正在思考這遊戲的「分出勝負的方法、規則」，請問可以從以下事實找出什麼啟發呢？

・緊張刺激

這也只要使用「利用類似例子思考」就能找出啟發。

思考「世界上存在的東西，可以用『緊張刺激』來表現的是什麼？」之後，接著分析「緊張刺激」的共通點，找出啟發。

那麼，說起「緊張刺激」你會想到什麼呢？想到的是遊戲就太棒了，但即使非遊戲也能加深思考。

・插劍海盜桶
・俄羅斯輪盤
・雲霄飛車

應該可以想到這些東西吧。

插劍海盜桶一般來說，是以「讓正中央的黑鬍子海盜跳起來的人就輸了」廣為人知的遊戲。

邊緊張著不知道黑鬍子海盜會不會跳起來，邊朝木桶上的孔洞插劍。

不知道哪個孔洞是讓黑鬍子海盜發射的開關……

這可以用「緊張刺激！」來表現呢。

只不過，我想應該也有人知道，其實插劍海盜桶最一開始，是「讓正中央的黑鬍子海盜跳起來的人就『贏』了」的遊戲。

這樣看起來，與其說「緊張刺激！」不如說「興奮雀躍！」更加貼切。

大家已經明白了吧。

從最大的難題「緊張刺激」這個事實中找到的啟發為：

不用「興奮雀躍」表現而想要用「緊張刺激」表現，表示這並非決定「贏」，而是「決定輸家的遊戲」準沒錯。

真是個大膽的啟發。

還有另一個可以用「緊張刺激」來形容的遊戲／規則。

那就是撲克牌的「血腥大老二」。

肯定跟血腥大老二的「革命」一樣，是有「大反轉」規則的遊戲準沒錯。

也可以想出這個啟發。

讓我們暫時先整理一次。

已經可以看見論點「這個遊戲是怎樣的遊戲？」的輪廓了呢。

【到目前為止得到的啟發】

- 使用加、減法的遊戲
- 依序輪流進行的遊戲
- 運氣要素強烈的遊戲
- 「分出勝負」很有速度感的遊戲
- 是決定輸家的遊戲

只到這邊也已經極為容易思考「這個遊戲是怎樣的遊戲？」了。
但我們繼續從尚未用到的事實找出其他啟發吧。

【第六題】各位正在思考這遊戲的「分出勝負的方法、規則」，請問可以從以下事實找出什麼啟發呢？

・寫上PASS、TURN、SHOT、DOUBLE的卡牌

其實在步驟二「找出啟發」的過程中，這個事實最容易讓人誤入陷阱。
確實自己思考的人，或許會被以下想法綁住：

・PASS是怎樣的卡牌呢？跳過自己輪到下一個人的卡牌？

・SHOT是什麼？從語感上來思考是可以攻擊別人的卡牌？

・DOUBLE是讓數字變成兩倍的卡牌？

如以上所示去想像每張卡牌的意思。

但仔細想想會發現這是很糟糕的做法。

舉例來說，我們將其代換到UNO上來思考。

當你在不認識UNO這遊戲的情況下只看卡牌，然後思考**S（Skip）**這張卡牌的意義，也無法找到我們想解開的最重要論點**「這個遊戲是怎樣的遊戲？」**的答案對吧。

這類功能性卡牌很少直接影響規則，真要分類起來，大多都是為了提升遊戲可玩性而準備的卡牌。

所以在這次的「賽局&賽局」中，也不能思考這個事實。

【第七題】各位正在思考這遊戲的「分出勝負的方法、規則」，請問可以從以下事實找出什麼啟發呢？

・寫上1~9、10、50、-10、-1、101的卡牌

尋找啟發時，希望大家可以重視**「不對勁」**的感覺。

大家看見這個寫法時，是否有感到不對勁呢？

不對勁之中肯定隱藏著線索。

刻意用很概略的說法來講不對勁，就是「普通來說應該會這樣，卻變成那樣」。

讓我們再來看一次這次的事實。

・寫上1~9、10、50、-10、-1、101的卡牌

普通來講應該會用下面兩種寫法書寫吧？

- 寫上1～9、10、50、101、-1、-10的卡牌
- 寫上-10、-1、1～9、10、50、101的卡牌

前者是把正數、負數放在一起寫，後者是由小排到大。

「普通來講」應該會這樣寫，但沒用這種方法寫，表示其中隱藏著寫下這段說明文字的人的偉大意圖。

可以找出這樣的啟發。

我把這寫成口號：**「不對勁就是『論點擁有者』的意圖。」**

請務必把這句口號記起來。

平常總是喊「高松先生」的上司，突然喊出「小高松」時就要警覺。

大家也肯定會對突然改變稱呼感到不對勁。

與此相同。

普通不會這樣寫，這邊卻刻意把「101」擺在這個位置上，然後依「1～9、10、50、-10、-1、101」的順序書寫，表示「101」不僅僅只是最大的數字，肯定是「擁有與其他數字不同意義的重要卡牌」準沒錯。

也可以把這啟發寫得更簡潔一點。

普通來說，取「100」也沒問題，但這遊戲刻意用「101」，肯定表示「在這遊戲中，101是意義有別於其他數字的重要卡牌」準沒錯。

那麼，我想要從最後一個事實找出啟發，替開啟新思考世界的步驟畫下句點。

【第八題】各位正在思考這遊戲的「分出勝負的方法、規則」，請問可以從以下事實找出什麼啟發呢？

- 遊戲人數：2～7人

至此，針對論點「這個遊戲是怎樣的遊戲？」我們從題目給予的事實找出啟發。

在此也以相同模式思考。

與從「家庭遊戲」找出啟發的模式相同，把「遊戲人數：2～7人」換句話說：

「不管兩個人玩還是七個人玩，都能玩得很開心的遊戲」。

只停在這一步會變成單純換句話說，所以接著思考，該如何像從家庭遊戲的事實中找到「運氣要素強烈的遊戲」般，找到啟發。

在此也可用類似例子來思考。

試著舉出2～7個人遊玩時，遊戲性會隨之改變的遊戲。

舉例來說，如果4～5個人可以玩得很開心，但只有兩個人玩會有點無聊的卡牌遊戲有哪些呢？

・抽鬼牌
・大老二
・排七

等等，可以舉出以上例子。

接下來思考這些遊戲的共通點，但話說回來，為什麼這幾個遊戲只有兩個人玩會很無聊呢？

這是因為持牌張數會改變，知道對方手上有什麼牌會改變有趣程度，讓遊戲變得極度無聊。

一般來說，2個人和7個人玩時的有趣程度完全不同，但遊戲人數還是寫「2～7人」，肯定表示「這遊戲不會把所有牌發完」準沒錯。

我們可以找出以上啟發。

如此一來，已經從題目給予的所有事實中找出啟發了。

將至此得到的資訊統整後如下：

【事前資訊＝事實】

①人數：2～7人

②遊戲年齡：7歲以上

③特徵一：充滿速度感且緊張刺激的家庭遊戲

④特徵二：有寫上1～9（各三張）、10（六張）、50（兩張）、-10（四張）、-1（兩張）、101（五張）的卡牌

⑤特徵三：有寫上PASS（四張）、TURN（四張）、SHOT（兩張）、DOUBLE（兩張）的卡牌

【從事實中得到的啟發】

- 使用加、減法的遊戲
- 依序輪流進行的遊戲
- 運氣要素強烈的遊戲
- 「分出勝負」很有速度感的遊戲
- 是決定輸家的遊戲
- 在這遊戲中，101是意義有別於其他數字的重要卡牌
- 不會將紙牌全部發完的遊戲

4-4 賽局&賽局的解說③

步驟三：建立假說

前置作業準備好了。

我希望大家可以抱著這樣的心情繼續閱讀步驟三。

利用步驟二整理出來的「啟發」建立即可。

建立什麼？

步驟三＝建立「假說」

聽到「假說」或許會讓你產生很不得了的感覺。

再加上「思考」變成「假說思考」後會更讓人感到一頭霧水，但請你如此理解：

假說思考就是「別多說廢話，利用得到的資訊徹底寫出針對論點的答案（回答）」。

特別重要的動作是「徹底寫出」。

別抱怨「資訊還不夠啊」、「我怎麼可能知道這種事啦」，別多說廢話，直到徹底把自己的答案寫出來之前都別停止思考。

重新讀一次「得到的資訊」吧。

【事前資訊＝事實】

①人數：2～7人

②遊戲年齡：7歲以上

③特徵一：充滿速度感且緊張刺激的家庭遊戲

④特徵二：有寫上1～9（各三張）、10（六張）、50（兩張）、-10（四張）、-1（兩張）、101（五張）的卡牌

⑤特徵三：有寫上PASS（四張）、TURN（四張）、SHOT（兩張）、DOUBLE（兩張）的卡牌

【從事實中得到的啟發】

- 使用加、減法的遊戲
- 依序輪流進行的遊戲
- 運氣要素強烈的遊戲
- 「分出勝負」很有速度感的遊戲
- 是決定輸家的遊戲
- 在這遊戲中，101是意義有別於其他數字的重要卡牌
- 不會將紙牌全部發完的遊戲

要利用眾多資訊（事實）建立一個假說時，有件事希望大家注意。

那就是**「一開始別同時活用所有事實來建立假說，而只用其中幾個事實（或從事實中找出的啟發）來建立假說」**。

所以首先要從**看清楚並決定當作「主軸」的事實**開始做起。

決定主軸時，希望大家回想起在步驟一建立的論點。

論點X）這個遊戲是怎樣的遊戲？

Y1）這個遊戲要怎樣決定勝負？

Y2）這個遊戲如何進行？

Y3）這個遊戲哪裡有趣？

Y4）無法用撲克牌取代的點在哪？

技巧在於，選擇與其中最重要的**「Y1）這個遊戲要怎樣決定勝負？」**相關的事實。

那麼我們這次試著從以下四個啟發、三個事實來寫「遊戲的規則」吧。

【從事實得到的啟發】

①使用加、減法的遊戲

②是決定輸家的遊戲

③在這遊戲中，101是意義有別於其他數字的重要卡牌

④不會將紙牌全部發完的遊戲

【事前資訊＝事實】

①人數：2～7人

②遊戲年齡：7歲以上

③特徵：有寫上1～9（各三張）、10（六張）、50（兩張）、-10（四

張）、-1（兩張）、101（五張）的卡牌

我舉出四個過去的挑戰者寫出的「假說」，請大家試著從中找麻煩。

「這怎麼可能嘛。」

「因為是這樣那樣嘛。」

就用這種感覺找麻煩，情況允許也請加上「這怎麼可能嘛」的理由。

【這個遊戲是這樣的遊戲　假說1】

十位數和一位數（和百位數）相加之後變成質數就輸了的遊戲。

遊戲一開始時，每人手上有五張左右的手牌，依序從正中央卡堆抽一張牌。

把各位數字相加，當數字變成質數時就輸了。

這怎麼可能嘛。

因為再怎麼厲害，七歲也還不懂「質數」啊！

【這個遊戲是這樣的遊戲　假說2】

手牌的數字相加之後變成負數就輸了的遊戲。

依序從正中央卡堆抽牌。

把抽到的牌上的數字相加，變成零或負數就輸了。

如果抽完六輪之後還沒有人變成負數，那就從頭開始。

抽到101時因為絕對不可能出現負數，此時玩家直接贏得該回合。

這怎麼可能嘛。

因為如此就失去非得「101」不可的意義了啊！

【這個遊戲是這樣的遊戲　假說3】

以有幾張（大約五張）手牌的狀態開始遊戲，從手牌合計數字為10的倍數的人依序獲勝的遊戲。

從右邊的人手上抽一張牌，然後確認合計數字會不會變成10的倍數。

依順時針的順序進行。

101和抽鬼牌遊戲中的鬼牌相同，手上有這張牌就不能贏。

最後留下的人是輸家。

這怎麼可能嘛。

因為這樣一來，就是決定「贏家」而非「輸家」的遊戲了啊。

【這個遊戲是這樣的遊戲　假說4】

把卡牌發給所有玩家，輪到自己時拿出一張自己的手牌放到檯面上，將牌面的數字逐一相加，輪到時檯面數字相加後超過101的人就輸了。

這怎麼可能嘛。

因為這是一個不會將紙牌全部發完的遊戲耶。

如以上，先別在意其他事實及啟發，利用決定好的項目建立關於遊戲的假說非常重要。

像這樣從得到的資訊思索的程序就是步驟三。

4-5

賽局＆賽局的解說④

步驟四：驗證假說

那麼，接下來是最後一個步驟。

但大家其實早已體驗過步驟四了。

就是在步驟三所做的這件事：

「這怎麼可能嘛。」

「因為是這樣那樣嘛。」

這便是**「步驟四：驗證假說」**。

不是從所有的事實，而是利用關鍵的幾個事實及啟發建立「假說」，驗證此假說的環節便是步驟四。

那麼，我們實際上用最後提到的假說四為例來說明。

【這個遊戲是這樣的遊戲　假說4】

把卡牌發給所有玩家，輪到自己時拿出一張自己的手牌放到檯面上，將牌面的數字逐一相加，輪到時檯面數字相加後超過101的人就輸了。

這怎麼可能嘛，因為這是一個不會將紙牌全部發完的遊戲耶。

一點也不難喔。

利用到目前為止蒐集來的事實及啟發，將不符條件的部分逐一修正就可以了。

在此明確不符合的是**「不會將紙牌全部發完的遊戲」**這一點。

把這邊修正一下。

【這個遊戲是這樣的遊戲　假說5】

一位玩家各發三張牌，輪到自己時拿出一張手牌放到檯面上，將牌面的數字逐一相加，輪到時檯面數字相加後超過101的人就輸了。

步驟四，是在驗證步驟三建立的假說的同時，修正不對勁或是與條件不相符的部分，讓假說加以進化的步驟。

所以更正確的描述為**「步驟四＝驗證『假說』並建立新的假說」**。

最後再驗證此假說與尚未使用的啟發或事實是否相符，如果不相符再進一步微調即可。

【尚未使用的啟發】

・依序輪流進行的遊戲
・運氣要素強烈的遊戲
・「分出勝負」很有速度感的遊戲

此時重要的思考程序就是前述的「現實開關」。

大家還記得嗎？

「現實開關」要請大家具體地、超級具體地想像看看。

用這次的「賽局&賽局」來說，就是要你實際上在腦海裡，模擬假說建立的遊戲如何運作。

和得到的事實及啟發相符嗎？

有沒有哪裡不對勁？

在此與其合理性思考，要更重視「感情、感覺」，以「實際上想像之後有點怪」的方向來感受不對勁。

舉例來說，想像四個人玩這個遊戲時的畫面。

【依序輪流進行的遊戲】

四個人吱吱喳喳把卡牌放到檯面上的畫面。

符合這個啟發呢。

【運氣要素強烈的遊戲】

四個人之中有誰大叫「慘了，我有兩張50耶」的畫面。

確實可以從「有哪些手牌？」看到遊戲的走向，所以也符合啟發呢。

【「分出勝負」很有速度感的遊戲】

只要四個人節奏輕快地一一輪流，不用三分鐘就能決定「輸家」。

這也符合啟發呢。

只要如上舉例推進此步驟即可。

【這個遊戲是這樣的遊戲　假說5】

一位玩家各發三張牌，輪到自己時拿出一張手牌放到檯面上，將牌面的數字逐一相加，輪到時檯面數字相加後超過101的人就輸了。

感覺這個假說似乎可行。

一開始看到這個問題時產生「我怎麼可能會知道這種事情啊」的情緒，這正是看不見解答，沒有正確解答的賽局。

但只要如實做完步驟一到四，就能寫出準確度極高的假說。

這正是贏得「無解賽局」勝利的重要程序，「賽局＆賽局」思考訓練就是要讓大家實際感受這一點。

順帶一提，這個遊戲是實際存在的卡牌遊戲「neu」。即使碰到乍看之下似乎找不到答案的問題，只要用「無解賽局的應戰方法」挑戰，就能引導出答案。

4-6 「思考事物」的程序

「陷阱」與「教科書」

將「賽局&賽局」融入工作場面、日常生活中使用吧。

請邊想著「說起『賽局&賽局』，就是要做那些步驟吧」邊閱讀。

首先讓我們先回顧整體樣貌吧。

步驟一：建立論點

步驟二：從事實中找出啟發（＋思考類似例子）

步驟三：建立假說

步驟四：驗證假說（＋打開現實開關）

這個思考程序本身並不新穎。
大家應該也曾在哪聽聞過吧。
只不過只是將這種抽象知識輸入大腦中，也沒辦法改變你的思考模式。
此時能讓知識活起來的就是實際體驗「賽局＆賽局」。

步驟一：建立論點

無論何時都不能，也絕不可能跳過這個步驟。
萬事皆從「建立論點」起頭。
以「賽局＆賽局」來說，拿到「這個遊戲是怎樣的遊戲？」的問題時，
可以分解成以下：

論點X）這個遊戲是怎樣的遊戲？

Y1）這個遊戲要怎樣決定勝負？

Y2）這個遊戲如何進行？

Y3）這個遊戲哪裡有趣？

Y4）無法用撲克牌取代的點在哪？

在工作上、日常生活中面對非解開不可的問題時，希望大家總是要做到建立並分解論點的步驟。

舉例來說，假設你突然決定要搬家到關西，今天就得要決定明天要住的地方。

跑進房仲公司的你，得從房仲推薦給你的三間房子中選擇其中一個。

此時也要從「步驟一：建立論點」開始做起。

X）要從這三間房子中選擇哪一個？

接著將這個論點分解。

請讓我重申，我將分解論點稱為**「建立輔助論點」**。

實際寫下來之後會變成以下感覺：

論點X）要從這三間房子中選擇哪一個？

Y1）這三間房子的特徵是？

Y2）自己選擇房子時的喜好是？

Y3）考量喜好與房子的條件之後，哪間房子最好？

正如我在「賽局＆賽局」中曾說明過的，不能不經歷這個程序，便實際上將卡牌擺出來「總之先開始工作」。

「總之先開始工作」是批判的源頭。

而在「建立論點時」希望大家重視的，就是「論點的主人」。

以這次搬家的例子來說明，希望大家實際上化身為搬家當事人，思考「要解開哪個論點才能找出答案呢？」

就「賽局&賽局」來說，考慮遊戲開發者的心情思考「無法用撲克牌取代的點在哪？」這點很重要。

在整個步驟一到步驟四的過程當中，最重要的是「步驟一：建立論點」。

這邊請再度回到前面的章節，重讀「4－2：賽局&賽局的解說①——步驟一：建立論點」。

如此一來應該能有更深入的理解。

步驟二：從事實中找出啟發

建立好論點之後，接著進行「建立假說」的事前準備。

在「有解賽局」當中，只要仔細解讀眼前的事實就能找到答案，但這招在「無解賽局」上行不通。

所以說，步驟二相當重要。

以「賽局&賽局」來解釋，從「家庭遊戲」這個線索可以找出「運氣要素強烈的遊戲」的啟發。

讓我們重新整理一次啟發，如下：

①啟發就是可以從事實中找到的事情。

②配合「論點的方向」找出啟發。

③如此一來便能更簡單建立「論點的假說」。

這句話說起來像在揭開本書的秘密，

本書是由「第一章體會①，第四章體會②和③」的內容所組成。

就「賽局&賽局」來說，從題目給予的線索中找出啟發時，②特別強烈意識「這個遊戲要怎樣決定勝負？」這一點。

③將從事實中找到的各種啟發並列起來。

而找出啟發時的重點在**「思考類似例子」**。

如果只從眼前的事實中思考會遲遲想不到得當的啟發，所以拿類似例子來思考、比較會成為關鍵。

以「賽局&賽局」來說，從「緊張刺激」這個事實中找出啟發時，我們就曾用過這方法。

舉出插劍海盜桶、俄羅斯輪盤、雲霄飛車等例即為此程序。

試著如此思考類似例子，也就是顧問諮商在關於事業開發的「要創造出什麼新事物」這名副其實的無解賽局時，必做不可的**「事例調查」**步驟。

「調查」工作單純卻真的是相當深奧的程序。

思考（調查）類似事例時的重點依序為：

①明確寫出「論點」＝「為了什麼而調查？」之後，

②針對①建立起的論點，埋頭調查、心無旁鶩地調查。

③調查完畢後，寫出根據其論點的方向性可以找出怎樣的「啟發」。

步驟三・建立假說

如果步驟三能非常接近突破難關之後的輕鬆狀態，便能直說步驟一和步驟二大為成功。

以「賽局＆賽局」來說，就是從蒐集來的事實／啟發中，思考遊戲規則的部分。

在此重要的是，**和所關注的事實是否相符很重要，但先別在意和其他事**

實是否相符，總之先以關注的事實建立假說。

以「賽局&賽局」來說，就是聚焦在「使用加、減法的遊戲」、「是決定輸家的遊戲」、「在這遊戲中，101是意義有別於其他數字的重要卡牌」等特定事實來建立假說。

可以在關注所有事實的同時建立起符合所有事實假說的只有電腦。

如果想要一次到位讓所有事實相符，除去絕世天才之外，「沒辦法建立假說」，還請多加注意。

步驟四：驗證假說

最後，利用事實以及從事實中找出的啟發建立「假說」後，進入使用各種手段來確認「符合狀況嗎？」的程序。

以「賽局&賽局」來說，就是4－4最後的部分，針對遊戲規則的假說，邊說著「這怎麼可能嘛」找麻煩邊確認的步驟。

在步驟四驗證步驟三建立的假說，只要找到不對勁、和事實不符的部分就要再次回到步驟三，建立新的假說。

在反覆驗證假說的過程中，不可忘記**按下「現實開關」**。

在「賽局&賽局」中，我們真實地模擬了根據假說創造出來的遊戲。也用「感情、感覺」來感受模擬的遊戲和題目給予的事實是否相符，或是有沒有哪裡不對勁。

在工作上也相同。

假設你從各種調查到的事實中得到啟發，從中導出「有這種傾向的顧客，會更願意購買本公司的商品」這樣現實顧客行動的假說。

接下來為了要把這點當作全公司的戰略，你開始驗證這個假說是否正確。

此時，你不單只是相信「數字」上的分析，也**具體、超級具體地想像顧**

客的狀況。

實際的方法就是再度對顧客做問卷調查，或是重新到現場仔細觀察顧客的行動等等。

做到這個步驟之後，才終於可以將整個程序畫下句點。

最後讓我統整所有內容。

讓我再度重申，為了把這些記入腦海內，請把「以『賽局&賽局』來說」當作發語詞成組一起記起來。

步驟一：建立論點
步驟二：從事實中找出啟發（＋思考類似例子）
步驟三：建立假說
步驟四：驗證假說（＋打開現實開關）

4-7

與專案進行方法的連接點

全部都是「賽局&賽局」

至此我們透過「賽局&賽局」，來學習在「無解賽局」中該如何使用大腦思考以及其程序。

名副其實**「『無解賽局』的應戰方法①因為『沒有答案』，所以程序非得要性感不可」**呢。

在「賽局&賽局」中，我把這當作思考事物的程序來談論，其實專案進行的方法也與這如出一轍。

不管怎樣的專案，非得強烈意識不可的，就是與**「戰略立案」**相關的事宜。

那我就實際舉出具體事例，帶大家一起思考吧。

【專案問題】

加油站該如何應對新冠疫情這類巨大的變化呢？

這是常見的專案呢。

也很可能是「劇烈變化當中，該計畫怎樣的經營戰略才行呢？」以私生活來說，「在副業這個選項也逐漸變成稀鬆平常的社會潮流中，我們該建立怎樣的職涯規劃呢？」這也是**戰略案件**。

那就讓我們循著到目前為止學過的步驟來思考吧。

步驟一：建立論點

最重要的就是論點。

請讓我再度重申，這步驟決定了接下來所做之事的品質。

思考「加油站該如何應對新冠疫情這類巨大的變化呢？」後，該解決「怎樣的問題＝論點」才行呢？

以「賽局&賽局」來說，就是得到題目「這個遊戲是怎樣的遊戲？」後加以分解的那個步驟。

我會把這次的題目如以下分解。

論點X）加油站該如何應對新冠疫情這類巨大的變化呢？

Y1）話說回來，「加油站提供的價值」是什麼呢？

Y2）以此提供的價值為前提，「加油站因為新冠疫情而產生怎樣的環境變化呢？」

Y3）「加油站業者該如何應對呢？」

原本應該要仔細地思考在此建立起的三個疑問，但我這次使用「Y1）話說回來，「加油站提供的價值」是什麼呢？」來說明程序。

步驟二：從事實中找出啟發

接著使出渾身解數蒐集「事實」。

這次要針對「加油站業界」以及客戶企業、競爭對手調查。

蒐集事實之後找出啟發。

此時「思考類似事例」也很重要呢。

思考「和加油站提供類似價值的事業是什麼呢？」

這次的主角是加油站，所以和車子相關的服務比較容易想像，「安托華汽車百貨」也可以，「高速公路交流道」也沒問題。

從「很多地方都有」的意義上來看，也可以選擇「自動販賣機」。

透過與這些事例相對比之後，更容易掌握**「加油站的價值就是那個啊」**。

步驟三：建立假說

以事實與啟發為基礎，建立「加油站提供的價值是什麼？」的假說。

應該不用我說也知道，第一個是提供汽油。

第二個是在私生活移動時，替用車的人加油。

我刻意把工作與私生活分開，特別是長距離卡車等工作上使用車子所需要消耗的汽油。

這兩個是加油站主要的收入來源以及能提供的價值。

第三個是車輛檢修、洗車等等，這些頂多定位在加油時順便的服務。

第四個是驗車等服務代理的功用，這是和第三個不同的間接價值。
第五個主要以地區為主，販售用在暖氣機上的燈油等與車子無關的服務。

以上是這個問題的假說。

步驟四：驗證假說

最後的步驟要來驗證剛剛寫出來的假說。
以「賽局&賽局」來說，就是確認建立假說時沒用到的事實、啟發與假說是否相符的步驟。

所以說，這次不用公開的資料，而是用營運加油站的客戶企業的營收資料驗證以下兩點：

- **實際上真的提供了我們剛剛建立的假說中提到的價值嗎？**

・每個服務占比多少？營收呢？

驗證結束後，關於Ｙ１論點的確認作業暫時告一段落，接下來開始處理Ｙ２，接著Ｙ３、Ｙ４，逐一進行下去。

如何呢？

你應該已經練就出一定程度「無解賽局」的程序了吧。

請務必珍惜這個程序。

在實際的工作場面中遇到「到底該怎樣做、做些什麼才好？」而迷惘時，請回想**「這在『賽局＆賽局』中是哪一個步驟呢？」**

如此一來自然而然可以看見前進的道路。

4-8 給大家的禮物

最後再來解一題吧

最後多送大家一題。

也可以當作我給大家的戰帖。

請試著用至此學到的程序來解下面這一題「賽局&賽局」。

【事前資訊＝事實①】

①人數：2～6人

②所需時間：15分鐘

③遊戲年齡：7歲以上

④卡牌遊戲：

⑴數字卡牌總共有90張

⑵有六個顏色，各顏色1～15各一張

⑶有禿鷹卡牌

⑷-1～-5，1～10的卡牌各一張

⑤標語：是個深奧又有趣的遊戲

「請從這些特徵，推敲出這個遊戲的規則」

那麼，請大家開始思考吧。

解解看4—8吧！
這個嘛～
排出來看看吧……
總之先開始工作是？
批判的源頭！
1．先建立論點之後再開始工作！
這是卡牌遊戲，用剛剛一樣的論點就可以了吧？
・如何決定勝負？
・這個遊戲如何進行？
・哪裡有趣？
・無法用撲克牌取代的點在哪？
這樣真的可以嗎？
2．從事實中找出啟發
禿鷹……有種人人討厭的印象耶。
禿鷹卡牌
5
5
-1～-5，1-10各一張
可能是可以依牌面數字搶奪對手相同張數的手牌!?

深奧又有趣的遊戲，
深奧但七歲小孩也有
勝算……
該不會是
團體戰吧!?
唔唔唔……
3．建立假說
・禿鷹可以搶別人的牌
・這是團體戰
4．驗證假說
・禿鷹可以搶別人的牌
可是也有
負數牌啊，
這不合理。
找麻煩
・這是團體戰
三人或五人
也可以玩，
所以團體戰
不合理！
找麻煩
找完麻煩之後，
我沒有假說可以
用了!!
救命啊～!!
完全沒有能
找出答案的
感覺!!
先暫時試著
回頭看論點吧。
這是一個名為
「獴鷲派對」
的遊戲。

第五章 五個賽局感覺

「無解賽局」與其延伸發展

薄酒萊思考 VS 羅曼尼康帝思考
理解主導 VS 默背主導
「百分之七十」 VS 「百分之三」
「藝術家模式」 VS 「創作者模式」
「五個賽局感覺」與諸位

已經養出「無解賽局」「感覺」的諸位，應該可以感到不對勁了吧。

當遇到「來思考新事業的點子吧！」的場面時，如果下屬對你說「請問這個點子怎麼樣？」你應該已經會感到「不對勁」了。

接著應該會開始產生「這是沒有解答的賽局，不應該問我『怎麼樣？』而是該準備好幾個方案，然後『請一起議論』才對吧？」的感覺。

我把這個感覺稱作「賽局感覺」，並將其視為最重要的東西。

除此之外，我還重視其他五件事，統稱為「五個賽局感覺」

其中一個便是長篇大論至此的「無解賽局VS有解賽局」，我接著要在本章解說其他四件事。

如果有位不懂黑白棋規則的人，在沒聽過規則說明的情況下，突然對你說「讓我們立刻來比賽吧」，那會出現什麼狀況呢？

首先，他肯定會把棋子隨意擺在喜歡的地方就想開始。

雙方各執白棋與黑棋輪流把棋子擺上棋盤，棋子非得擺在另一色棋子旁邊不可，將同色棋子間不同色的棋子翻轉過去⋯⋯如果不知道以上規則，嚴格上來說，當他將棋子擺在喜歡的地方時已經「犯規落敗」了。

即使他在不知道規則中，努力看對手放棋子的方法邊學習，但沒落敗過一次，就沒辦法領會「只要占領邊角就有獲勝機會」這種決定勝負的「遊戲感覺」。

當然，這麼過分的事情大概很難在知名賭博漫畫《賭博默示錄》的世界之外看到，但在工作上，以及放大範圍到人生上都是如此。

如果沒辦法掌握黑白棋中那種「只要占領邊角就有獲勝機會」的感覺，

就沒辦法在比黑白棋複雜的工作及人生中安然度過。

當然，人生沒有所謂的輸贏，正因為如此，「人生路途能走得多安穩？」很重要。

正是「程序夠性感嗎？」的問題呢。

我要在本章向大家說明，讓人生與工作過得更加安穩舒適的「五個遊戲感覺」。

5-1 薄酒萊思考 VS 羅曼尼康帝思考

菁英的陷阱

繼「無解賽局 VS 有解賽局」之後，我第二重視的就是「薄酒萊思考 VS 羅曼尼康帝思考」的賽局感覺。

把這兩種思考化成圖示後如以下：

薄酒萊思考

VS

羅曼尼康帝思考

（薄酒萊思考）

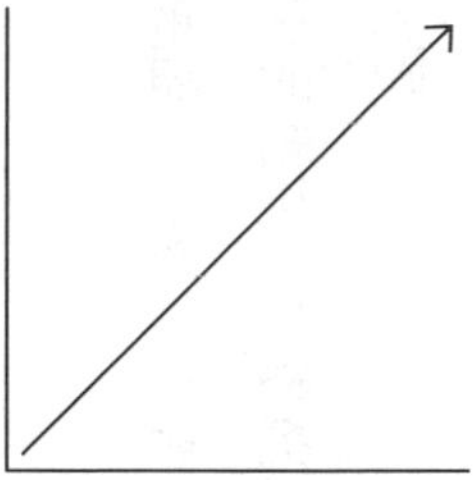

VS

（羅曼尼康帝思考）

薄酒萊思考是最為重視「生產性」與「合理性」的世界。
追求「更好、更多」的結果，最終抵達「無限上綱」。
正是資本主義的世界呢。

重視該如何「最有效率」地抵達追求的目的。
這種思考方法給我宛如「薄酒萊」一樣的感覺，所以我擅自如此命名。
「薄酒萊」給我量產、大量銷售即為正義的印象。

另一方面，比起「生產性」與「合理性」，羅曼尼康帝思考更想要追求「從一開始便決定好的」、「無可動搖的」終點。
且同時是**「抵達終點為最終目標，不追求超越目標的事情」**的思考。
「羅曼尼康帝」給我數量和銷售對象都有限制的印象。

假設大家現在狠下決心決定創業。

此時大家要用怎樣的遊戲感覺面對這次創業呢？

如果用「薄酒萊思考」，應該會想要「壯大公司，擴大事業」吧。「重視生產性」，以最快最強為目標，採行擴大事業的戰略。

而在通往目標的路上，「雖然多少能賺點錢，但生產性太差了」的工作就會被你捨棄掉。

正如方才的圖表所示，是不停向上增長的感覺。

另一方面，羅曼尼康帝思考可說正好相反。

如果目標營收為「一億圓」，這就是終點，不追求超越目標。只要接近「營收一億圓」的目標，即使是生產性略差的工作也會做。

要不要做一天賺一萬圓的打工呢？

用創業來說明可能不好想像，那我們用下一個例子來思考吧。

「要不要做一天賺一萬圓的打工呢？」的問題。

假設大家「想要成為有錢人」，接著開始思考該怎麼做才能成為有錢人，時間點就是「現在」。

如果以羅曼尼康帝思考，假設首先設定目標為「年收三千萬圓」，不追求超越目標。

假設在結算當年年收的最後一天總額為「兩千九百九十九萬圓」。

羅曼尼康帝思考會在此時為了賺一萬圓而去做「一天打工」。

這個思考只重視自己決定的目標，即使身邊有比自己賺更多的人也不會在意。

不把自己和他人相比，所以不會對自己感到厭惡而可以過上安適的生活。

但同時「年收不會超過三千萬圓」。

因為他不以這點為目標嘛。

另一方面，薄酒萊思考想要追求更多。

而他重視「生產性」與「合理性」更逾生命，所以和剛剛相同狀況迎接年收結算的最後一天時，他也不會選擇去打工。

他追求無極限的成長，將來有天可能達成「年收五千萬圓」，但他會走上與他者不停競爭的道路。

這兩種思考方法沒有絕對好壞。

現在的自己面對眼前的事情，該用哪種方法進行？

以及，正在用哪種方法進行？

只要方向明確，就能毫無迷惘地健全應戰。

光擁有這種「賽局感覺」，就能消除無謂的不耐煩、無謂的競爭了（也不需要化惱為鳥）。

利用「薄酒萊思考 VS 羅曼尼康帝思考」創造安適人生

請意識著這兩種思考方法，創造出安穩舒適的人生吧。

如果沒確實有這層意識，因為現代是被「生產性」與「資本經濟」控制的時代，你很可能染上薄酒萊思考，甚至極可能早已有薄酒萊思考而不自知。

無意識使用薄酒萊思考最容易變得很不健康，還請多加注意。

所以說，請同時意識羅曼尼康帝思考，看清楚哪一種思考更適合自己。

那麼首先，先按下現實開關來思考**「自己想要賺多少錢？」**

如此一來會有意外的發現。

原本無意識「要進步再進步」的思想消失，開始能把焦點擺在真正重要的事情上面了。

5-2 理解主導 VS 默背主導

菁英的極限

接下來傳授第三個「賽局感覺」。

在你想要學習新事物時，我希望你能意識著「理解主導 VS 默背主導」。

「理解主導」正如其名，當你「理解」之後即完成此項學習，接著以其「理解」為基礎應用的技術。

另一方面，「默背主導」也正如其名，當你「默背」完畢後即完成此項學習，接著以其「默背」為基礎應用的技術。

在社會人士中也特別被稱呼為菁英的各位商務人士，可說無論面對什麼事情，大多都以前者「理解主導」學習事物。

但這有時可能會鈍化當事者的「成長速度」，需要注意。

我話先說在前面，我的主張是**「用默背主導做事啦，別用理解主導」**。

假設大家現在買了個新家電。

電子鍋、掃地機器人或是戴森什麼都可以，你最先會如何開始使用它呢？

拆開包裝大致瀏覽一下說明書……不對，你應該不會看說明書吧。

你肯定看也不看說明書一眼，立刻啟動開關，試著用不清不楚的「理解」使用這個產品。

應該很少人會把「使用說明」背下來之後，邊回想說明邊使用。

但那大多不會出問題。

你覺得為什麼呢？

這是因為，家電**只要按下錯誤的按鍵就會執行錯誤的動作**。

沒有錯，出錯了能夠立刻發現。

大家日常中使用的 Excel 也用「理解主導」就沒問題。

因為只要試圖輸入錯誤的空白或是文字時，就會出現 #REF!、#VALUE! 等錯誤訊息，讓我們發現錯誤。

像這樣，面對這類就算不多加注意也會讓自己知道出錯的事情時，用「理解主導」沒有任何問題。

但是，當我們學習無法發現出錯的事物時，請務必大喊**「用默背主導做事啦，別用理解主導」**再開始進行。

最需要如此做的例子就是「思考能力」。

「費米問題」等等的也是如此，當學習可以得出無數無形答案的事物時，便是「默背主導」可以發揮出超凡效果的領域。

即使你理解了「思考能力」是什麼，接著想要使用這個能力，因為沒有正確答案而無法判斷是否正確，所以你自己無法發現「錯誤」。

假使我就陪在你身邊，或許可以糾正你「你用錯方法了喔」，但我當然不可能在你身邊。

此時，可以取代我的就是「默背」。

我在這本書中也說過好多次「希望大家背起來」，為了要攻克無解賽局，默背主導比理解主導更加重要。

進一步更具體說，**「遇到難題↓憑感覺開始解題」這就是理解主導，「遇到難題↓如實回想起『默背過的事情』↓腦海中浮現記憶之後，以此教誨為基礎解題」則是默背主導**。

學習新事物時，一般會選擇「憑感覺」理解。

因為這樣比較輕鬆。

計較細節小心「默背」只會徒增壓力啊。

但根據大家接下來要學習的事物，別用「理解主導」而該用「默背主導」學習才行。

如果要刻意用「兩項對立」來說明這件事，會變成以下：

重現率最多六成，但腦袋不會累的「理解主導」

VS

腦袋會很疲憊且默背需要時間，但能以「百分百重現」為目標的「默背主導」

你現在可以立刻說出，第三章的「B〇條件」中具體出現怎樣的「例子」嗎？

如果說不出來，那你就是「理解主導」。

如此一來無法完美運用B〇條件。

當學習無形抽象的技能時，希望大家能以「例子」為軸心記住。

順帶一提，B〇條件中出現的是這些「例子」。

「數學問題」↓「公務員VS音樂人」↓「美式足球孩童免費入場」↓「平價、高效率的咖啡廳」。

把這些當作模板，將錯誤的答案以及我所提出的正確答案，也全背起來並當作教科書，那你隨時都能拿出來用。

遇到難題↓如實回想起「默背過的事情」↓腦海中浮現記憶之後，以此教誨為基礎解題。

這就是默背主導。

5-3 「百分之七十」VS「百分之三」

菁英的挫敗

第四個「賽局感覺」是「百分之七十」VS「百分之三」。

這到底是在說什麼呢？

我要先說，這個賽局感覺的意思是「應該在看清楚你即將要挑戰的賽局是『一百個人之中有七十個人可以及格』的賽局，或是『一百個人之中有三個人可以及格』的賽局之後再著手進行」。

無論證照考試、戀愛或換工作什麼都行，**你該看清楚這場勝負「對自己而言」，「百分之七十」才算勝利，或者「百分之三」就算勝利之後再採取**

行動。

如此一來，你才終於能在這個賽局中朝獲勝邁進一步。

但這頂多「對自己而言」，同一場賽局可能對A來說是「百分之七十」，對你來說是「百分之三」，當然也可能相反。

當認知這是「百分之七十」的賽局時，比起付出特別努力，更該自然面對，要全神專注在「該如何行動才不會遭到減分」上面。

另一方面，當認知這是「百分之三」的賽局後，應戰方法完全不同。

因為只有百分之三的勝率，普通做法無法得到結果。

只要你非擁有稀世才華的天才，就無法搶得「百分之三」。

所以，當你認知即將挑戰「百分之三」的賽局時，你就必須當作關鍵時刻投入大量時間，如果是錄取率極低的面試之類的場面，可能需要做出刻意說出「很可能會落榜，但正中紅心就是支全壘打」的發言等等行為。

總而言之，如果沒有這類賽局感覺，極可能在挑戰之前已經輸了這場賽局。

另外一個重要的是，如果每次都挑戰「百分之三」的賽局，你的身體會吃不消，所以要從人生整體來思考，找到「百分之七十」VS「百分之三」之間的平衡。

也就是說，為了贏得有天會出現的「百分之三」關鍵賽局，在此之前要挑戰「百分之七十」的賽局，養出以平常心（並非鬆懈心態）面對贏得勝利的習慣。

如此一來可以儲存能量，有天面對「百分之三」的賽局時，可以引擎全開應對。

5-4

「藝術家模式」VS「創作者模式」

菁英一面倒

最後一個「賽局感覺」是「藝術家模式」VS「創作者模式」。

你認為藝術家和創作者之間哪裡不同呢？

包含「假冒者」在內，這個世界上充斥著藝術家以及創作者。

我將兩者以下定義：

藝術家眼前站著「自己」

創作者眼前站著「客戶」

我在這裡想要告訴大家的是「意識著要用哪種模式，應對眼前的工作很重要」。

藝術家模式時，要以「我是藝術家，所以不接受任何人的意見！按照我的想像描繪，用自己的雙手創造一切」的態度貫徹到底。

創作者模式時，要用「我是創作者，所以需要回應顧客的期待，不對，是要畫出、創作出超越顧客期待的成品」的模式做到最後。

這邊的顧客，在工作上來說就是客戶，有時也可代換成上司。

為了在工作上成為鶴立雞群的存在，**分別使用這兩種模式相當重要**。

有時刻意貫徹自我，有時配合對方。

而在著手進行工作前，看清楚用哪種模式應對可以讓事情順利進行相當重要。

沒錯，我在這章說明的所有賽局感覺的共通點就是，

開始之前，判斷這是怎樣的賽局。

該用怎樣的賽局感覺應對。

是否對這點有所意識，將大幅左右結果。

如果什麼也沒想就「開啟賽局」，很可能選擇本來該選的相反選項，而遭逢致命挫敗。

不僅工作，人生中亦須輪流切換模式。

舉例來說，當你思考該和女友到哪裡旅行時，用創作者模式把女友當作顧客，別貫徹自己的主張，大多才能萬事順利。

當然也可能相反。

所以**在開始之前，得看清楚是場怎樣的賽局，決定要用藝術家模式還是要用創作者模式應對**，這相當重要。

5-5 「五個賽局感覺」與諸位人生中充斥著五個賽局

那麼，來到最後結尾了。

先複習至此介紹的「賽局感覺」，並整理成更容易使用的形式。

【五個賽局感覺】

①有解賽局 VS 無解賽局

②薄酒萊思考 VS 羅曼尼康帝思考

③理解主導 VS 默背主導

④百分之七十 VS 百分之三

⑤藝術家模式 VS 創作者模式

①是本書整體的主題，但我想大家看到這邊也已經掌握五種賽局感覺了。

除此之外，我也說明過**「在開始之前，得看清楚是場怎樣的賽局，決定要用哪種模式應對」**的重要性。

只要將這五種賽局感覺組合運用，面對工作與人生這場「賽局」就好了。

舉例來說，假設你要負責規劃新事業，且要在兩週之後上臺簡報。

在此之前你可能憑感覺便著手進行，但現在你在著手之前，會先看清楚這是場怎樣的賽局之後，思考該選擇這五種賽局感覺中的哪一種。

因為這是規劃新事業，所以當然是：

①「無解賽局」

④百分之三

在「沒有解答，勝率只有百分之三」的賽局中，剩下要選擇哪些賽局感覺比較好呢？

根據這個判斷，這次的論點「要如何規劃新事業」也會逐漸成形。

這部分就是賽局感覺的真本領。

假設我們啟動②**薄酒萊思考VS羅曼尼康帝思考**好了。

若是用羅曼尼康帝思考應對，除了一開始便決定好目標為「這個新事業的營收為一億圓」之外，會選擇穩紮穩打，不追求資金槓桿效果，選擇小規模的生意。

另一方面，若是用薄酒萊思考應對，會試著追求創造全新服務，接著把從中獲得的收益擴張至好幾倍，採取的手段自然也有所不同。

正因為在開始前決定好方向，也能減少案件進行中極可能發生的麻煩事，成員間的糾紛，和公司的方針不同等煩惱。

雖然是粗略說明，像這樣即使面對相同論點，根據選擇哪個賽局感覺不同會改變事情進行的方向。

所以，⑤**藝術家模式VS創作者模式**當然也會改變。

規劃新事業時，若用藝術家模式，就會一直線朝自己想做的事情前進。

完全忽視「這樣做感覺比較賺耶」等等周遭的雜音。

另一方面，若用創作者模式，眼前的顧客會變得最重要。

用現下的感覺來說，重視創造出市場所追求的服務或商品的「產品與市場契合（Product-Market-Fit）」，如果認定眼前的顧客為ＶＣ（Venture Capital），就得把「容易從ＶＣ募集資金的內容」納入新事業設計的考量當中才行。

沒有絕對的好壞，只是像這樣在開始前看清楚賽局的性質，選擇哪種「賽局感覺」將會大幅左右整個程序。

其實我不喜歡把人生及工作當作「賽局」，但想要擁有安穩舒適的生活，抱持這種應戰方法的感覺很重要。

最後。

世上有如「理所當然」般強迫你接受的「賽局感覺」。

舉例來說，像資本主義社會中的主流想法，追求「多還要再多」的薄酒萊思考的進階，就有「錢越多越好」的想法。

但大家別被這種風潮迷惑，培養出自我風格的賽局感覺，以此感覺面對人生及在這之中的工作，我認為這才最為安穩舒適。

所以說，這種賽局感覺不僅可以活躍於「贏得賽局」之中，換個說法也可說是**「培養不跟隨社會的理所當然隨波逐流的感覺」**。

以「○○ VS ○○」的形式將大家意識的「賽局感覺」寫成文字後，就能更加琢磨這份感覺，所以請務必意識著做這件事。

以上，「無解賽局」的進階賽局感覺到此闡述完畢！

薄酒萊思考
壓倒性成長
資本主義萬歲
羅曼尼康帝思考
跑到這邊就好了喔～
終點
思考

理解主導VS默背主導
「無解賽局」該以默背來主導!!
首先請把這本書背下來。
「無解賽局」的應戰方法三原則
①程序要性感
②創造出兩個以上的選項後選擇
③必定伴隨批判與議論

在求職的最後一次面試中
鏘鏘—鏘
我替貴公司創作了一首主題曲。
用百分之三的方法應戰
(可能連三也沒有)
正中紅心
NG
絕對錄用！
NG

藝術者模式
啊啊啊
我無法接受!!
砰
創作者模式
我要製作客戶用起來最順手的東西～

結語

大喊「來場無解賽局吧」之後，
開始害羞。

從把這句話養成口頭禪開始做起吧。
一開始會對「說出」這句話的自己感到害羞。
但如果不跨出這一步就不會有所改變。
如果不這樣做，你就會變得在不知不覺中想要去問誰「這樣對嗎？」
所以要鞭策自己，宛如替自己按下開關。

第一章

「來場無解賽局吧」。

重視程序，創造兩個以上的選項，健全地議論吧。

用這句話引領自己的思考、行動前進。

人真的是很單純的動物，只是化作言語說出口就能改變。

言語整頓好之後，思考也整頓好了。

第二章

使用「啟發」技術時，

「雖然正如所見↓可以從中闡述什麼？↓那是幾人中的幾人呢？」

當你看表格、圖表或閱讀文章時，希望你可以小聲如此問自己。

第三章

「B○條件」，當你無法贊同對方意見時，希望你立刻小聲說：

「如果狀況為○○○，那我贊成你的意見。但這一次並非○○○，所以我反對。」

然後開始規劃穩健說服對方的思路。

第四章

在賽局＆賽局之中，非得解決什麼問題不可時，

「建立論點，從事實中找出啟發建立假說後驗證，只要用以上程序進行就好了啊。」

滔滔不絕說出這句話的同時，請試著每次都要回想著在「賽局&賽局」當中領會的「那個」＝深入、有趣思考的感覺去做。

第五章

接著是「五個賽局感覺」。

「這場賽局要用怎樣的感覺應對呢？」

邊回想起五組相對的賽局感覺，在展開賽局前決定「賽局感覺」之後再開始思考、行動。

思考就是「編織言語」。

正如同增加語彙能力以提升語言能力一般，為了提升思考能力也需要增加自問自答的臺詞。

這正是「實踐」。

從明天起，從你自言自語那一刻起，就開始有所改變。

各位，別害羞地大喊出口吧。

非常感謝大家閱讀到最後。

本書是和製作《變化的技術，思考的技術》時合作的白戶編輯兩人三腳精心製作出來的。

我真的是在白戶編輯的「才華」引領之下，挑戰這名副其實的「無解賽局」。

真的衷心感謝！

各位讀者，感謝大家陪伴我到最後！

高松智史

國家圖書館出版品預行編目資料

解局思考：如何突破無解的死局，找到自己的活路？／高松智史著；林于楟譯. -- 初版. -- 臺北市：平安文化，2024.3　面；　公分. --（平安叢書；第 788 種）（邁向成功；97）
譯自：「答えのないゲーム」を楽しむ 思考技術
ISBN 978-626-7397-24-4（平裝）

1.CST: 思考 2.CST: 思維方法 3.CST: 策略管理

494.1　　113001628

平安叢書第 788 種
邁向成功 97

解局思考

如何突破無解的死局，找到自己的活路？

「答えのないゲーム」を楽しむ 思考技術

作　　者—高松智史
譯　　者—林于楟
發 行 人—平　雲
出版發行—平安文化有限公司
台北市敦化北路 120 巷 50 號
電話◎ 02-27168888
郵撥帳號◎ 18420815 號
皇冠出版社（香港）有限公司
香港銅鑼灣道 180 號百樂商業中心
19 字樓 1903 室
電話◎ 2529-1778　傳真◎ 2527-0904
總 編 輯—許婷婷
執行主編—平　靜
責任編輯—陳思宇
美術設計— Dinner Illustration、李偉涵
行銷企劃—蕭采芹
著作完成日期— 2022 年
初版一刷日期— 2024 年 3 月

法律顧問—王惠光律師

讀者服務傳真專線◎02-27150507
電腦編號◎368097
ISBN◎978-626-7397-24-4
Printed in Taiwan
本書定價◎新台幣 420 元／港幣 140 元